30 x 45 MINUTEN

Lioba Sernetz
Susanne El Faramawy

Mathe

Fertige Stundenbilder für Highlights zwischendurch

Klasse 5–7

Verlag an der Ruhr

Impressum

Titel
30 x 45 Minuten Mathe
Fertige Stundenbilder für Highlights zwischendurch. Klasse 5–7

Autorinnen
Lioba Sernetz & Susanne El Faramawy

Umschlagmotiv und Kapiteldeckblätter
© Peter Hermes Furian – stock.adobe.com

Illustrationen
Wenn nicht anders angegeben: © Verlag an der Ruhr

Druck
Heenemann GmbH & Co. KG, Berlin, DE

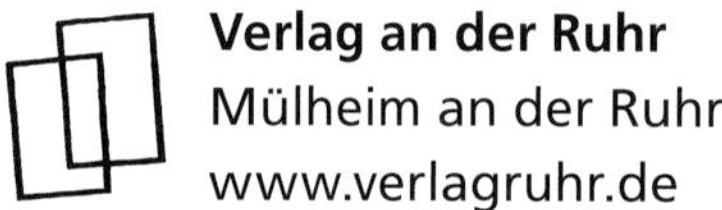

Geeignet für die Klassen 5–7

ISBN 978-3-8346-4334-6

Inhalt

Vorwort

Liebe Kolleg*innen[1],

im schulischen Alltag kommt neben dem Erziehen, Dokumentieren und Beaufsichtigen häufig der didaktisch aufbereitete Unterricht zu kurz. Daher ist es hilfreich, wenn Ideen, Abläufe und Kopiervorlagen für „Highlight-Stunden“, die sich **in der Praxis bewährt** haben, griffbereit sind. In diesem Buch finden Sie **30 ausgearbeitete Unterrichtsstunden für den Mathematikunterricht der Klassen 5–7**. Die Stunden sind alle auf **45 Minuten** ausgelegt, lassen sich jedoch auch auf andere **Stundenmodelle** ausdehnen.
Das Buch ist thematisch nach den **inhaltsbezogenen Kompetenzen** des Kernlehrplans Mathematik in Nordrhein-Westfalen eingeteilt: Arithmetik/Algebra, Funktionen, Geometrie und Stochastik.

Damit Sie sich schnell zurechtfinden, folgen die einzelnen Stunden demselben **Aufbau**:
Zu Beginn gibt es eine kurze Hinführung zum Inhalt der jeweiligen Stunde und den benötigten Vorkenntnissen der Schüler*innen unter dem Punkt **„Darum geht's“**. Dann werden die in der Stunde weiterentwickelten **Kompetenzerwartungen** benannt. Im Anschluss wird das benötigte **Material** aufgelistet und alle notwendigen **Vorbereitungen** für die jeweilige Stunde beschrieben. Ein detaillierter **Stundenverlauf** mit allen Phasen des Unterrichts inklusive Zeitangaben und Beispielformulierungen bildet den Hauptteil der **Lehrerhinweise**. Oft schließen sich **Tipps** oder **Varianten** an.
Die **Lösungen** befinden sich am Ende der Lehrerhinweise, oder, um eine Selbstkontrolle durch die Schüler*innen zu ermöglichen, auf den entsprechenden Schülerseiten, welche im Anschluss an die Stundenbeschreibungen zu finden sind. Zu jeder Unterrichtsstunde finden Sie alle benötigten **Kopiervorlagen** in Form von Arbeitsblättern, Materialblättern oder Infoblättern.

Der **Herausforderung Heterogenität** können Sie nur mit **Differenzierung** begegnen. Viele Stunden lassen sich durch eine **Förderung/Forderung** schnell an die eigene Lerngruppe anpassen, indem Sie die teilweise verschiedenen **Niveaustufen** nutzen, den **Umfang** kürzen, die **Zeit** anpassen, **Hilfskarten** auslegen, **Lösungskarten** anbieten oder Aufgaben mit fordernden **Operatoren,** wie zum Beispiel: beschreibe, zeichne, begründe, vergleiche, beurteile, fasse zusammen, anreichern.

Weitere Tipps aus dem Alltag

Zur leichteren **Orientierung** ist es hilfreich, wenn Sie einen Stundenverlauf anschreiben.
Für das Beenden einer Arbeitsphase hat es sich bewährt, **Rituale** zu nutzen, beispielsweise ein akustisches Signal.
Um Sicherungsphasen zu **visualisieren**, ziehen Sie zum Beispiel Arbeitsblätter auf Folie, damit diese leichter mit der Lerngruppe besprochen werden können. Da es in den meisten Klassen schnelle Rechner*innen gibt, können Sie diese (nach vorheriger Kontrolle der Lösung) den Rechenweg **verdeckt an die Tafel schreiben** lassen. Grundsätzlich empfehlen wir Ihnen Materialien, die Sie häufiger nutzen möchten, zu **laminieren** und ggf. Moderationskarten zur Stunde anzufertigen.

Ein **Durchstöbern** des Buches lohnt sich, denn vielleicht möchten Sie für die nächste **Vertretungsstunde** auch eine Mischung aus verschiedenen Themen (Arbeitsblättern) anbieten, z. B. zur **Wiederholung** in höheren Jahrgangsstufen. Sie können natürlich auch die **Vorlagen**, wie zum Beispiel für die Hausaufgaben-Gutscheine, für Ihren alltäglichen Unterricht verwenden.

Wir wünschen Ihnen viel Freude beim Umsetzen der Highlight-Stunden und hoffen, dass sie eine Bereicherung für Ihren Unterricht sind.

Lioba Sernetz und Susanne El Faramawy

[1] Der Verlag an der Ruhr legt großen Wert auf eine geschlechtergerechte und inklusive Sprache. Daher nutzen wir das Gendersternchen, um sowohl männliche und weibliche als auch nichtbinäre Geschlechtsidentitäten einzuschließen. Alternativ verwenden wir neutrale Formulierungen. In Texten für Schüler*innen finden sich aus didaktischen Gründen neutrale Begriffe bzw. Doppelformen.

Arithmetik/ Algebra

Apfelmuffins für alle

Darum geht's

Das Rezept liest sich sehr gut, aber leider reicht die Menge nicht. Vor diesem Problem hat sicherlich schon jede*r gestanden, die*der etwas backen wollte. Die Rührschüssel ist groß genug, sodass der Teig nicht in zwei oder drei Etappen hergestellt werden muss, sondern durch das Berechnen der Mengen in einem Arbeitsschritt zubereitet werden kann. Die Schüler*innen lernen zu diesem Zweck in der folgenden Unterrichtsstunde das Multiplizieren von Brüchen mit einer ganzen Zahl.

Kompetenzerwartungen

Die Schüler*innen …

- führen eine Grundrechenart mit einfachen Brüchen aus: Multiplizieren von Brüchen mit ganzen Zahlen (Arithmetik/Algebra).
- formulieren eine Regel zum Multiplizieren von Brüchen mit ganzen Zahlen.

Material

- Arbeitsblatt/Folienvorlage „Apfelmuffins" (S. 8), OHP, Folienstift
- DIN-A3-Papier
- Klebeband oder Magnete (10–15)
- ggf. 4 Wäscheklammern und 4 DIN-A4-Seiten mit der Aufschrift „Hilfslehrkraft"

Vorbereitung

Kopieren Sie das Arbeitsblatt/die Folienvorlage „Apfelmuffins" einmal auf Folie und einmal auf normales Papier. Schneiden Sie von der zweiten Kopie die unteren beiden Teile mit den Lösungen und den fünf Apfelhälften ab. Legen Sie die Lösungen griffbereit. Kopieren Sie die Apfelhälften ein- oder 2-mal auf DIN A3, je nachdem, wie oft das Rezept zubereitet werden muss, um alle Schüler*innen in der Klasse mit einem Muffin zu beköstigen. Kopieren Sie den oberen Teil des Arbeitsblattes mit dem Rezept im Klassensatz. Notieren Sie auf vier DIN-A4-Seiten „Hilfslehrkraft" und legen Sie diese zusammen mit vier Wäscheklammern bereit.

Notieren Sie die Hilfe „Ein Bruch wird mit einer ganzen Zahl multipliziert, indem …" an der Tafel. Ergänzen Sie außerdem die Wörter „Zähler" und „Nenner", damit diese als Fachbegriffe eingebaut werden. Klappen Sie die Tafel in geeigneter Weise, sodass die Hilfe von der Lerngruppe nicht vom Sitzplatz eingesehen werden kann, oder verdecken Sie diese mit einem Blatt.

Stundenverlauf

Einstieg

ca. 10 Minuten

Thematisieren Sie eine anstehende Besonderheit, damit das Interesse der Schüler*innen geweckt wird. *„Beim nächsten Wandertag soll jeder und jede von euch etwas mitbringen. Ich würde gerne diese Apfelmuffins beisteuern."* Legen Sie die Folie mit dem Rezept auf den OHP und decken Sie die Lösungen ab. *„Die Menge reicht nicht, damit ihr alle einen Muffin bekommt. Wie oft muss ich die Menge backen, damit alle einen Muffin essen können?"* Warten Sie ein bis zwei Antworten ab. Notieren Sie die erste Rechnung für die Anzahl der Apfelmuffins. Anschließend lassen Sie sich die Rechnung und das Ergebnis für die benötigten Eier nennen. Diese Rechnung ist ebenfalls eine Multiplikation mit zwei ganzen Zahlen, sodass dies die Schüler*innen vor kein Problem stellt. *„Welche Rechnung muss ich für die Anzahl der Äpfel notieren? Wie lautet die Antwort?"* Notieren Sie auch hier die dazugehörige Rechnung. Unterstützen Sie die Lerngruppe bei Schwierigkeiten mit den kopierten Apfelhälften und hängen Sie diese mit Klebeband oder Magneten an die Tafel. Durch die Visualisierung wird deutlich, dass sich an dem Nenner nichts verändert. Lassen Sie diese Besonderheit von den Schüler*innen formulieren. *„Was fällt am Ergebnis auf?"*

Erarbeitung I

ca. 5 Minuten
Fordern Sie die Schüler*innen auf, eine Regel zu formulieren. *„Damit ihr das Muffinrezept problemlos für die 2- oder 3-fache Menge notieren könnt, formuliert ihr in Partnerarbeit zunächst eine Regel für das Multiplizieren von Brüchen mit einer ganzen Zahl. Notiert diese im Heft. Wer sich unsicher ist, schaut noch mal an die Tafel und sieht sich das Beispiel mit den Apfelhälften an oder kann sich die verdeckte Formulierungshilfe an der Tafel ansehen. Denkt bei der Formulierung an Fachbegriffe."*

Sicherung I

ca. 5 Minuten
Lassen Sie eine Regel von den Schüler*innen vorlesen. Diese könnte lauten: Ein Bruch wird mit einer ganzen Zahl multipliziert, indem die ganze Zahl mit dem Zähler multipliziert wird. Der Nenner bleibt unverändert.
„Überprüft eure eigene Regel. Ist diese identisch mit der genannten Regel? Wer ist sich unsicher und möchte seine ebenfalls vorlesen?"
Vervollständigen Sie den bereits notierten Anfang der Regel an der Tafel, damit die Schüler*innen eine Vergleichsmöglichkeit haben.

Erarbeitung II

ca. 15 Minuten
Teilen Sie die Arbeitsblätter aus.
„Wendet nun die Regel in Partnerarbeit an, sodass ich am Stundenende ein Teigrezept habe, das ich in einer großen Rührschüssel zubereiten kann."
Hängen Sie die kopierten Lösungen verdeckt an die Tafel. Beobachten Sie die verschiedenen 2er-Teams. Unterstützen Sie leistungsschwache Schüler*innen, damit alle in der vorgegebenen Zeit fertig werden. Schnelle Rechner*innen können ihre Ergebnisse mit der Lösung vergleichen und anschließend als Hilfslehrkraft ihre Mitschüler*innen unterstützen. Befestigen Sie die vorbereiteten DIN-A4-Seiten mit einer Wäscheklammer am Oberteil der Hilfslehrkraft. Sie behalten so einen besseren Überblick, wer sich im Klassenraum frei bewegen darf.

Sicherung II

ca. 10 Minuten
Beenden Sie die zweite Erarbeitung nach Ablauf der Zeit oder wenn alle fertig sind. Lassen Sie sich für jede Zutat die Rechnung mit Ergebnis nennen und notieren Sie es auf der Folie. Je nach Zeit können Sie auch die Schüler*innen nach vorn bitten. Besprechen Sie mögliche Probleme des Rezepts, wenn man die unechten Brüche stehen lässt und diese nicht umwandelt.

Tipp:
Für ein besonderes Highlight können Sie sorgen, wenn Sie die Muffins vorher backen und am Ende der Stunde jedem*jeder Schüler*in einen schenken.

Apfelmuffins

Zutaten für 12 Apfelmuffins:

- 2 Eier
- $\frac{5}{2}$ Äpfel
- $\frac{1}{4}$ kg Mehl
- $\frac{5}{2}$ TL Backpulver
- $\frac{2}{10}$ kg Zucker
- $\frac{3}{2}$ Pck. Vanillezucker
- $\frac{600}{4}$ ml Milch
- $\frac{150}{2}$ ml Öl

Zutaten für .... Apfelmuffins:

- ....
- ....
- ....
- ....
- ....
- ....
- ....
- ....

Lösungen

Zutaten für 12 Apfelmuffins:

- 2 Eier
- $\frac{5}{2}$ Äpfel
- $\frac{1}{4}$ kg Mehl
- $\frac{5}{2}$ TL Backpulver
- $\frac{2}{10}$ kg Zucker
- $\frac{3}{2}$ Pck. Vanillezucker
- $\frac{600}{4}$ ml Milch
- $\frac{150}{2}$ ml Öl

Zutaten für 12 • 3 = 36 Apfelmuffins:

- $2 \cdot 3 = 6$ (Eier)
- $\frac{5}{2} \cdot 3 = \frac{15}{2} = 7{,}5$ (Äpfel)
- $\frac{1}{4} \cdot 3 = \frac{3}{4}$ kg = 750 g (Mehl)
- $\frac{5}{2} \cdot 3 = \frac{15}{2} = 7{,}5$ TL (Backpulver)
- $\frac{2}{10} \cdot 3 = \frac{6}{10} = 600$ g (Zucker)
- $\frac{3}{2} \cdot 3 = \frac{9}{2} = 4{,}5$ Pck. (Vanillezucker)
- $\frac{600}{4} \cdot 3 = \frac{1800}{4} = 450$ ml (Milch)
- $\frac{150}{2} \cdot 3 = \frac{450}{2} = 225$ ml (Öl)

Zubereitung:

Mehl, Backpulver, Zucker und Vanillezucker in einer Schüssel mischen. Dann Eier, Milch und Öl dazugeben. Die Äpfel waschen, schälen, entkernen, klein schneiden und gut mit dem Teig vermischen. Ofen auf 160° Umluft vorheizen. Den Muffinteig in Förmchen verteilen und 25 Minuten backen.

Der Fehlerteufel war am Werk

Darum geht's

Statt eines Informationsblatts mit Musterlösungen zur Anwendung der Rechenregeln erhalten die Schüler*innen in dieser Mathematikstunde ein Arbeitsblatt mit vielen fehlerhaften oder fehlenden Rechnungen. Die Aufgabe der Schüler*innen ist es, die fehlerhaften Rechnungen in kooperativer Lernform zu finden, die Fehler zu erklären und zu korrigieren. Durch die Wahl der Methode „Suche eine Person, die …" muss nicht jede*r Schüler*in alle Fehler finden, sondern kann selbst Schwerpunkte setzen. Trotzdem bekommen alle Schüler*innen alle Rechnungen von Mitschüler*innen erklärt und profitieren so größtmöglich voneinander. Zudem bringt diese kooperative Lernform Bewegung ins Klassenzimmer. Den Schüler*innen sollten die Rechenregeln (Klammerrechnung geht vor; Punktrechnung geht vor Strichrechnung; von links nach rechts rechnen) bekannt sein.

Kompetenzerwartungen

Die Schüler*innen …

- rechnen mit natürlichen Zahlen und nutzen Rechengesetze (Arithmetik/Algebra).
- erläutern mathematische Regeln mit eigenen Worten und geeigneten Fachbegriffen (Argumentieren/Kommunizieren).
- sprechen über eigene und vorgegebene Lösungswege und Ergebnisse, finden, erklären und korrigieren Fehler (Argumentieren/Kommunizieren).

Material

- Arbeitsblatt/Folienvorlage „Der Fehlerteufel war am Werk" (S. 11), OHP, Folienstift

Vorbereitung

Kopieren Sie das Arbeitsblatt „Der Fehlerteufel war am Werk" einmal und ergänzen Sie eine Sternchenaufgabe nach Wahl. Siehe dazu den folgenden Tipp. Kopieren Sie anschließend das Arbeitsblatt im Klassensatz und zudem einmal auf Folie.

Tipp:
Als Sternchenaufgabe können Sie folgende themenbezogene Aufgaben nehmen:

➡ … die Rechenregel ergänzen kann: Punktrechnung geht vor ....
➡ … die folgende Aufgabe richtig lösen kann: 5 + (7 - 1) : 2
Die Lösungen lauten Strichrechnung und 8.
Alternativ können Sie humorvolle Aufgaben ergänzen:
➡ … einen guten Witz aufschreiben kann.
➡ … die Lieblingsfarbe des Mathelehrers kennt.

Stundenverlauf

Einstieg

ca. 10 Minuten
Halten Sie zu Stundenbeginn das Arbeitsblatt hoch und berichten Sie vom Werk des Fehlerteufels. *„Eigentlich wollte ich euch Musterlösungen zur Anwendung der Rechenregeln präsentieren – jedoch hat der Fehlerteufel das Arbeitsblatt in die Hände bekommen und in die meisten Rechnungen Fehler eingebaut oder Rechnungen gelöscht. Seht euch das an."* Legen Sie die Folie so auf den OHP, dass lediglich die erste Rechnung zu sehen ist, und warten Sie die Reaktionen der Schüler*innen ab. Haken Sie, wenn nötig, mit der Frage nach dem Fehler in der Rechnung nach, lassen Sie sich Fehler und Korrektur diktieren und halten Sie diese auf der Folie fest. *„Bei fast jeder Aufgabe war der Fehlerteufel am Werk. In der heutigen Stunde ist es eure Aufgabe, Rechnungen zu überprüfen, alle Fehler zu finden und zu korrigieren und fehlende Rechnungen zu ergänzen."* Erklären Sie den Schüler*innen das Vorgehen der Methode „Suche eine Person, die …", wenn dieses noch nicht bekannt sein sollte (siehe Infokasten S. 10). Betonen Sie, dass jede*r unter der Aufgabe, die sie*er gelöst hat, unterschreiben soll, und dass alle Lösungen von verschiedenen Mitschüler*innen stammen sollen.

Erarbeitung

ca. 20 Minuten

Verteilen Sie die Arbeitsblätter und bewegen Sie sich durch den Klassenraum, während die Schüler*innen mit Stiften und Arbeitsblättern in den Händen verschiedene Partner*innen finden und sich gegenseitig Rechenwege erklären und Fehler finden.
Schüler*innen, die bereits frühzeitig alle Aufgaben gelöst bekommen haben, können ihr Arbeitsblatt zurück auf ihren Platz legen und anschließend als Joker weitere Aufgaben ihrer Mitschüler*innen bearbeiten.
Erinnern Sie nach 15 Minuten an die verbleibenden 5 Minuten Zeit.
Beenden Sie die Erarbeitungsphase mit einem akustischen Signal und warten Sie, bis alle wieder auf ihren Plätzen sitzen.

Sicherung

ca. 15 Minuten

Legen Sie die Folie so auf, dass die zweite Aufgabe zu sehen ist, und fragen Sie nach Korrekturen. Tragen Sie diese auf der Folie ein und fordern Sie die Schüler*innen auf, richtige Korrekturen auf ihren Blättern abzuhaken und falsche Korrekturen mit einem andersfarbigen Stift zu korrigieren. Verfahren Sie so bei allen verbleibenden Aufgaben.

Lösungen

Arbeitsblatt „Der Fehlerteufel war am Werk"

1. $9 + 27 : 9 = 36 : 9 = 4$
   Fehler: von links nach rechts gerechnet statt Punktrechnung vor Strichrechnung
   Richtige Rechnung: $9 + 27 : 9 = 9 + 3 = 12$

2. $16 - 6 \cdot 2 = 10 \cdot 2 = 20$
   Fehler: von links nach rechts gerechnet statt Punktrechnung vor Strichrechnung
   Richtige Rechnung: $16 - 6 \cdot 2 = 16 - 12 = 4$

3. Rechnung ist richtig
   Verwendete Rechenregeln: Punktrechnung vor Strichrechnung (und von links nach rechts gerechnet)

4. Rechnung ist richtig
   Verwendete Rechenregeln: Klammer zuerst, dann von links nach rechts, da nur Punktrechnungen vorhanden sind

5. $18 : 9 + 11 \cdot (1 + 2) = 18 : 9 + 11 \cdot 3$
   $= 2 + 11 \cdot 3 = 2 + 33 = 35$

6. $3 \cdot (9 + 6) - 22 \cdot 2 = 3 \cdot 15 - 22 \cdot 2$
   $= 45 - 22 \cdot 2 = 45 - 44 = 1$

7. $5 + 10 \cdot (9 - 6) = 5 + 10 \cdot 3$
   $= 5 + 30 = 35$

Rechenregeln: Klammer zuerst, dann Punktrechnung vor Strichrechnung

Information
Bei der kooperativen Lernform „Suche eine Person, die …" bewegen sich die Schüler*innen mit Stift und Arbeitsblatt im Klassenraum und arbeiten immer kurzzeitig mit wechselnden Partner*innen zusammen. Ziel ist es, mit möglichst vielen verschiedenen Personen das Arbeitsblatt zu tauschen, um wechselseitig jeweils eine Aufgabe des kurzzeitigen Gegenübers zu lösen bzw. von diesem lösen zu lassen. Ist dies geschehen, unterschreibt der*die Partner*in gut leserlich und gibt das Arbeitsblatt an sein Gegenüber zurück, der*die sich eine*n neue*n Partner*in sucht. Dabei entscheiden die Schüler*innen selbst, welche Aufgabe sie lösen möchten. Erst wenn alle regulären Aufgaben bearbeitet worden sind, darf die Sternchenaufgabe gelöst werden.

Der Fehlerteufel war am Werk

1. Suche eine Person, die den/die Fehler in dieser Rechnung findet, erklärt und korrigiert. **9 + 27 : 9 = 36 : 9 = 4** Fehler: Richtige Rechnung: Unterschrift:	**2.** Suche eine Person, die den/die Fehler in dieser Rechnung findet, erklärt und korrigiert. **16 - 6 · 2 = 10 · 2 = 20** Fehler: Richtige Rechnung: Unterschrift:
3. Suche eine Person, die überprüft, ob diese Rechnung richtig ist und notiert, welche Rechenregel(n) verwendet wurde(n). **9 : 3 + 4 · 9** **= 3 + 4 · 9** **= 3 + 36** **= 39** Richtig oder falsch? Verwendete Rechenregeln: Unterschrift:	**4.** Suche eine Person, die überprüft, ob diese Rechnung richtig ist und notiert, welche Rechenregel(n) verwendet wurde(n). **48 : 3 : (2 : 2)** **= 48 : 3 : 1** **= 16 : 1** **= 16** Richtig oder falsch? Verwendete Rechenregeln: Unterschrift:
5. Suche eine Person, die die Aufgabe mit allen Rechenschritten für dich schriftlich ausrechnet. **18 : 9 + 11 · (1 + 2)** Unterschrift:	**6.** Suche eine Person, die die Aufgabe mit allen Rechenschritten für dich schriftlich ausrechnet. **3 · (9 + 6) - 22 · 2** Unterschrift:
7. Suche eine Person, die notieren kann, welche Rechenregeln bei dieser Aufgabe beachtet werden müssen und die Aufgabe für dich löst. **5 + 10 · (9 - 6)** Rechenregeln: Unterschrift:	✱ Suche eine Person, die ... Unterschrift:

Fit im Supermarkt

Darum geht's

Aufgabe des Mathematikunterrichtes ist es unter anderem, den Schüler*innen die Fähigkeiten zu vermitteln, ihre Kenntnisse funktional in außermathematischen Kontexten anzuwenden und auf Grundlage dieser Kenntnisse mathematische Urteile zu fällen. Eine solche Gelegenheit schafft diese Unterrichtsstunde, bei der die Schüler*innen in der Alltagssituation „Einkaufen im Supermarkt" durch das Überschlagen der Preise bestimmter Produkte herausfinden, ob ihr Geld ausreicht, um alles zu bezahlen.

Kompetenzerwartungen

Die Schüler*innen …

- geben Informationen aus einfachen mathematikhaltigen Darstellungen mit eigenen Worten wieder (Argumentieren/Kommunizieren).
- ermitteln Näherungswerte für erwartete Ergebnisse durch Schätzen und Überschlagen (Problemlösen).
- runden Dezimalbrüche (Arithmetik/Algebra).
- führen Grundrechenarten mit endlichen Dezimalbrüchen aus (Arithmetik/Algebra).
- wenden Techniken des Überschlagens an (Arithmetik/Algebra).

Material

- Folienvorlage „Fit im Supermarkt" (S. 15), OHP, Folienstift
- Materialblatt „Einkaufszettel" (S. 16)
- Ihr Portemonnaie

Vorbereitung

Ziehen Sie die Vorlage „Fit im Supermarkt" auf Folie. Kopieren Sie das Materialblatt „Einkaufszettel" im halben Klassensatz. Schneiden Sie die Einkaufszettel auseinander.

Differenzierung
Durch das Durchstreichen der Produkte Milch (0,89 €) und Müsli (2,79 €) auf dem Materialblatt „Einkaufszettel" vor dem Kopieren lässt sich schnell eine quantitative und qualitative Reduktion herbeiführen, da so nur Produkte ohne Einer-Centbeträge übrig bleiben. Dadurch ergibt sich die Möglichkeit, in der Klasse zwei verschiedene Einkaufszettel zu verteilen. Ergänzen Sie in diesem Fall Ihren Einstieg um Besorgungen für die Nachbarin und vergleichen Sie bei Sicherung II und Sicherung III die beiden unterschiedlichen Ergebnisse.

Stundenverlauf

Einstieg

ca. 5 Minuten
Lesen Sie den Schüler*innen einen der Einkaufszettel vor: *„Meine Frau/Mein Mann bat mich, nach der Schule einkaufen zu gehen und folgende Produkte zu kaufen: …"*
Problematisieren Sie die Situation, indem Sie Ihr Portemonnaie hochhalten und zu bedenken geben: *„Ich habe jedoch nur 15 € dabei und möchte nicht mit zu wenig Geld an der Kasse stehen."*
Warten Sie Wortmeldungen der Schüler*innen ab (runden/Überschlag).
Stoßen Sie ggf. weitere Schülerbeiträge durch Nachfragen an: *„Wie kann ich vorher herausfinden, wie viel ich ungefähr bezahlen muss?"*

Erarbeitung I

ca. 6 Minuten
Legen Sie die Folie „Fit im Supermarkt" auf und decken Sie dabei alles ab außer den Produktabbildungen bei Aufgabe 1, und stellen Sie Ihren Schüler*innen folgende Aufgaben:
„Überlege dir zunächst allein, wie teuer diese sechs Produkte sein könnten, und schreibe die geschätzten Preise auf. Dafür hast du 2 Minuten

Zeit. Vergleiche deine Preise anschließend mit deinem Sitznachbarn oder deiner Sitznachbarin und diskutiert, welche Preise realistisch sind."

Sicherung I

ca. 4 Minuten

Sammeln Sie die Preisvorschläge für die einzelnen Produkte im Plenum. Diskutieren Sie ggf. Preise, die stark von anderen genannten Preisvorschlägen abweichen.

Decken Sie nun die Preise auf der Folie auf und fordern Sie die Schüler*innen auf, die Preisschilder mit dem Folienstift mit den Produkten zu verbinden: *„In dem Supermarkt, in dem ich immer einkaufe, habe ich einmal die Preise notiert. Wer kann dieses Produkt mit dem passenden Preisschild verbinden?"*

> **Tipp**
> Anschaulicher gestaltet werden kann die Stunde, indem die Preise sowie Bilder der Produkte, zum Beispiel von kostenfreien Downloadseiten, heruntergeladen, ausgedruckt und ggf. laminiert werden. Mit einem Magnetklebestreifen auf der Rückseite können zum Einstieg zunächst die Produkte an der Tafel angebracht und danach die Preise den Produkten zugeordnet werden.

Reaktivierung

ca. 4 Minuten

Fordern Sie die Schüler*innen auf, den Vorgang des Überschlagens zu erklären: *„Nun haben wir zu allen Produkten die richtigen Preise. Wie mache ich denn nun den Überschlag?"*

Geben Sie, abhängig von Jahrgangsstufe, Kenntnisstand und von der Tatsache, ob Sie auf dem Materialblatt Produkte gestrichen haben, vor, ob auf ganze Euro oder auf die erste Nachkommastelle gerundet werden soll.

> Tipp
> In leistungsstarken Klassen kann das Runden auf die erste Nachkommastelle und ganze Euro näher thematisiert werden. Dazu werden jeweils Vorteile und Nachteile gesammelt.
> Mögliche Schülerantworten:
> *„Runden auf ganze Euro ist leichter, aber ungenauer."*
> *„Runden auf die erste Stelle hinter dem Komma ist genauer, jedoch schwerer im Kopf zu berechnen."*

Erarbeitung II

ca. 15 Minuten

Teilen Sie an alle Schüler*innen einen „Einkaufszettel" aus. Decken Sie anschließend Aufgabe 2 auf der Folienvorlage auf und gehen Sie diese Schritt für Schritt durch: *„Schreibt zunächst die richtigen Preise von der Folie neben die Produkte auf euren Einkaufszettel. Rundet dann jeden einzelnen Preis auf ganze Euro/die erste Nachkommastelle. Wenn ihr alle Preise gerundet habt, addiert diese, um herauszufinden, ob 15 € für den Einkauf ausreichen. Wer fertig ist, trifft an der Tafel einen Partner oder eine Partnerin, vergleicht die Ergebnisse und löst gemeinsam die Sternchenaufgabe."* Je nach Klassenstärke und Raumgröße können Sie auch andere oder mehrere Treffpunkte nennen.

Sicherung II

ca. 4 Minuten

Lassen Sie einzelne Schüler*innen ihre Ergebnisse des Überschlags nennen, notieren Sie diese an der Tafel und führen Sie die Antworten auf die ursprüngliche Fragestellung zurück: *„Reichen meine 15 € für alle Produkte aus?"*

Fragen Sie auch nach dem genauen Preis als Ergebnis der Sternchenaufgabe: *„Wer hat auch schon berechnet, wie viel ich genau zahlen muss?"*

Erarbeitung III

ca. 4 Minuten
Notieren Sie den genauen Betrag und leiten Sie zur letzten Rechnung über. Lassen Sie die Schüler*innen den Wert der Differenz in Einzelarbeit berechnen: *„Jetzt möchte ich es genau wissen. Wie viel Geld bekomme ich an der Kasse zurück?"*

Sicherung III

ca. 3 Minuten
Fordern Sie zwei schnelle Schüler*innen auf, das Ergebnis verdeckt an der Tafel zu notieren. Decken Sie die Tafel auf und lassen Sie die anderen Schüler*innen ihre Ergebnisse vergleichen.

Variante
Falls ein Supermarkt in der Nähe der Schule ist, können die Schüler*innen auf einem Unterrichtsgang die Preise für die günstigsten Produkte vor Ort selbst ermitteln und neben den Produkten auf dem Einkaufszettel notieren. Anschließend überschlagen sie im Klassenzimmer, ob das Geld ausreichen würde.
Die Preise können im Vorfeld von den Schüler*innen geschätzt werden.

Lösungen

zur Folienvorlage „Fit im Supermarkt"

Aufgabe 1)
Äpfel: 2,50 €
Saft: 1,50 €
Batterien: 3,60 €
Joghurt: 1,40 €
Milch: 0,89 €
Müsli: 2,79 €

Aufgabe 2b)
Auf ganze Euro gerundete Preise:
Äpfel: 3 €
Saft: 2 €
Batterien: 4 €
Joghurt: 1 €
Milch: 1 € (2 · 1 € = 2 €)
Müsli: 3 €

Auf erste Nachkommastelle gerundete Preise:
Äpfel: 2,50 €
Saft: 1,50 €
Batterien: 3,60 €
Joghurt: 1,40 €
Milch: 0,90 € (2 · 0,90 € = 1,80 €)
Müsli: 2,80 €

Aufgabe 2c)
Überschlag:
auf ganze Euro gerundete Preise = 15 €
auf erste Nachkommastelle gerundete Preise = 13,60 €

Sternchenaufgabe:
Genaue Summe der Produkte = 13,57 €

Zusatzfrage aus Erarbeitung III:
Rückgeld an der Kasse = 1,43 €

Fit im Supermarkt

Aufgaben

1. Finde die Preise zu den Produkten.

2,79 € 2,50 € 0,89 € 1,50 € 3,60 € 1,40 €

2. Überschlage nun, ob 15 € für den Einkauf reichen, indem du die folgenden Aufgaben bearbeitest.

a) Notiere die Preise auf deinem Einkaufszettel neben den Produkten.
b) Runde die Preise einzeln.
c) Berechne nun den Überschlag, indem du die gerundeten Preise addierst.
d) Lerntempoduett: Triff einen Partner oder eine Partnerin und vergleicht eure Ergebnisse. Bearbeitet nun zusammen die Sternchenaufgabe.

★ Berechne, wie viel Geld du genau bezahlen musst.

Einkaufszettel

Äpfel: © TunedIn by Westend61, Joghurtbecher: © Fotofermer, Batterien: © Oleksandr Kostiuchenko, Cerealien: © FARBAI – alle Shutterstock.com; Milchpackung: © rdnzl, Tetrapack Saft: © Vadym Tynenko, Zettel: © jro-grafik – alle stock.adobe.com

Einkaufszettel:

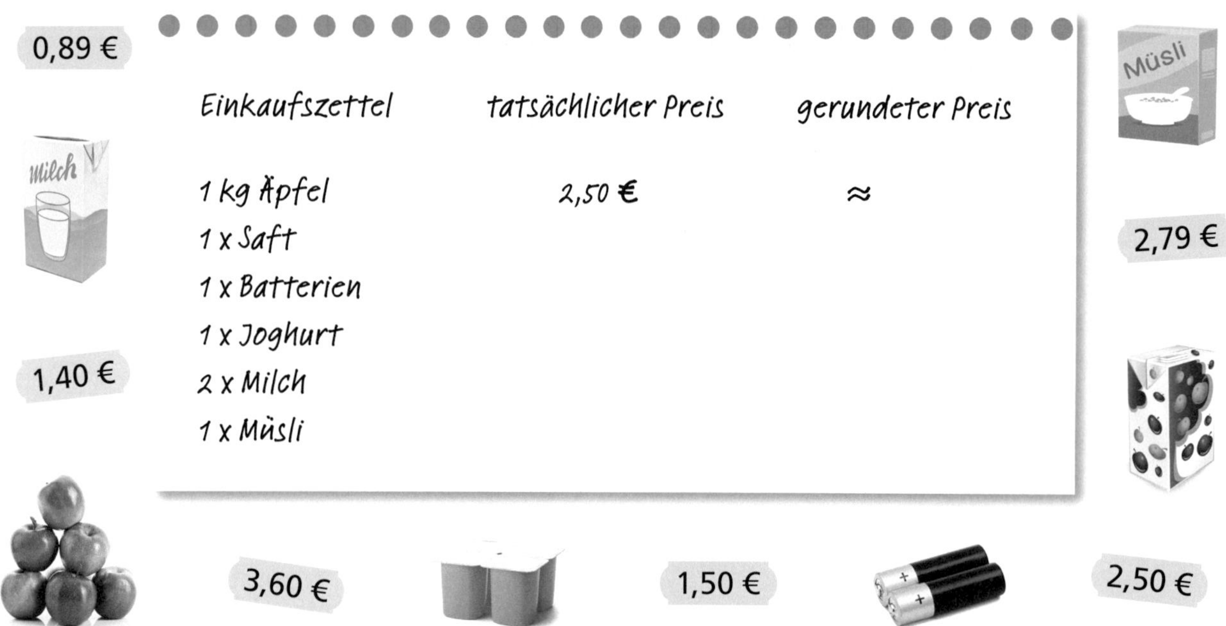

Äpfel: © TunedIn by Westend61, Joghurtbecher: © Fotofermer, Batterien: © Oleksandr Kostiuchenko, Cerealien: © FARBAI – alle Shutterstock.com; Milchpackung: © rdnzl, Tetrapack Saft: © Vadym Tynenko, Zettel: © jro-grafik – alle stock.adobe.com

© Verlag an der Ruhr | Lioba Sernetz & Susanne El Faramawy
ISBN 978-3-8346-4334-6 | www.verlagruhr.de

Hölzer-Schachtel-Spiel

Darum geht's

Das Aufstellen und Lösen von Gleichungen ist für viele Schüler*innen eine Herausforderung. Das Verständnis für Gleichungen und der sichere Umgang mit ihnen erleichtert das Überprüfen von Rechnungen, wie zum Beispiel bei einer Fotobestellung, bei der die Anzahl und Größe der Fotos den Preis bestimmt. Viele Jugendliche nutzen die Möglichkeit, Fotos von ihrem Smartphone in einem Drogeriemarkt ausdrucken zu lassen. Die Jugendlichen können das in der Unterrichtsstunde Erarbeitete so konkret im Alltag nutzen. Zu diesem Zweck lernen die Schüler*innen auf spielerische Art und Weise mit dem Hölzer-Schachtel-Spiel das Lösen von Gleichungen. Hierzu legen sie eine Gleichung mit Hölzern und Schachteln und lösen diese Gleichung durch Wegnehmen der Hölzer und Schachteln. Die handlungsorientierte Arbeitsweise festigt das Vorgehen nachhaltig.

Kompetenzerwartungen

Die Schüler*innen ...
- ziehen Informationen aus einfachen mathematischen Darstellungen (Argumentieren/Kommunizieren).
- können Gleichungen durch individuelles und unterschiedliches Ausprobieren von Lösungsansätzen lösen (Arithmetik/Algebra).
- können ihre Erkenntnisse zum Thema Gleichungen verbalisieren (Argumentieren/Kommunizieren).

Material

- Folienvorlage „Comic" (S. 20), OHP, Folienstift
- Folienvorlage „Spielregeln" (S. 21)
- Briefumschlag
- Arbeitsblatt „Laufzettel" (S. 22)
- Materialblätter „Gleichungskarten" (S. 23/24)
- ca. 7 Blatt DIN-A4-Tonpapier in einer beliebigen Farbe
- einen halben Klassensatz Büroklammern plus 2 weitere Klammern
- Scheren im Klassensatz

Vorbereitung

Kopieren Sie den Comic und die Spielregeln auf Folie. Trennen Sie die Spielregeln, das Beispiel und die Lösungen voneinander ab. Schneiden Sie die einzelnen Hölzer und Schachteln des Beispiels aus. Legen Sie alle Teile der Gleichung in einen Briefumschlag und notieren Sie die Gleichung auf dem Umschlag, um sie später nachbauen zu können. Kopieren Sie den „Laufzettel" im halben Klassensatz und trennen Sie die Kopien mittig voneinander. Kopieren Sie die Materialblätter „Gleichungskarten" so oft, dass Sie immer zwei Gleichungskarten mehr haben als einen halben Klassensatz. Bei 30 Schüler*innen sind dies also 15 + 2 Gleichungskarten. Hierbei entscheiden Sie, welche Stationen mehrfach vorkommen sollen. Passen Sie dies an den Leistungsstand der Lerngruppe an. Den Kopiervorgang müssen Sie einmal mit weißem Papier und einmal mit dem farbigen Tonpapier durchführen. Schneiden Sie die verschiedenen Gleichungskarten auseinander und heften Sie je zwei gleiche, eine weiße und eine farbige, Gleichungskarte mit einer Büroklammer zusammen, sodass eine vorbereitete Spielstation entsteht. Leihen Sie, wenn nicht vorhanden, einen Klassensatz Scheren aus dem Kunstraum aus, damit die Schüler*innen später die Hölzer und Schachteln ausschneiden können. Sie benötigen die Hölzer und Schachteln in der Spielphase.

Stundenverlauf

Einstieg

ca. 5 Minuten

Beginnen Sie die Stunde, indem Sie die Folie mit dem Comic auflegen, sodass den Schüler*innen durch wenig Text das Problem, welches in der Stunde zu lösen ist, verdeutlicht wird. Decken Sie die Lösung zum Comic ab. Aus dem Comic ergibt sich das Problem, dass nicht bekannt ist, wie viele Streichhölzer jedes Kind insgesamt hat, da sie unterschiedlich viele Streichhölzer und Streichholzschachteln von ihrer Mutter bekommen haben und nicht wissen, wie viele Streichhölzer in den Schachteln sind. Lassen Sie das Problem konkret von den Schüler*innen in Form einer Frage formulieren und halten Sie diese für später an der Tafel fest. Die Frage könnte beispielsweise lauten: Wie viele Streichhölzer hat jedes Kind bekommen? Leiten Sie zur Vorbereitung über. *„Damit ihr zum Stundenende die Frage beantworten könnt, erkläre ich euch die Spielregeln des Hölzer-Schachtel-Spiels. Mit den Erkenntnissen aus dem Spiel könnt ihr die Frage beantworten."*

Vorbereitung

ca. 5 Minuten

Legen Sie die Folie mit den Spielregeln auf den OHP. Fordern Sie eine*n Schüler*in auf, die Spielregeln Schritt für Schritt vorzulesen. Führen Sie, wann immer es möglich ist, die einzelnen Schritte an dem Beispiel aus. Legen Sie dazu mit den im Briefumschlag vorbereiteten Hölzern und Schachteln die Ausgangsgleichung und lösen Sie sie durch das schrittweise Entfernen von Hölzern und Schachteln nach und nach auf. Sobald das Beispiel gelöst ist, ist es von Bedeutung, dass Sie noch einmal betonen, worauf es ankommt. *„Es ist wichtig, dass ihr auf beiden Seiten des Gleichheitszeichens die gleiche Anzahl an Hölzern oder Schachteln wegnehmt. So erhalten wir die Lösung, dass in jeder Schachtel vier Hölzer sind."*
Legen Sie erneut die Ausgangsgleichung auf. Zeichnen Sie in jede Schachtel mit einem Folienstift vier Hölzer ein. Dies ist eine gute Kontrollmöglichkeit und trägt zum besseren Verständnis bei. Lassen Sie die Schüler*innen nachrechnen: *„Wie viele Hölzer sind auf jeder Seite des Gleichheitszeichens?"* Die Antwort lautet 14.
Teilen Sie nun den Laufzettel aus und besprechen Sie das richtige Eintragen anhand des Beispiels. *„Achtet beim Eintragen darauf, dass ihr das Ergebnis bei der richtigen Station notiert. Ihr dürft die Stationen in beliebiger Reihenfolge bespielen. Mithilfe des Laufzettels behaltet ihr einen Überblick über die Stationen, die ihr bereits in Partnerarbeit gelöst habt. Stationen, die mehrfach vorkommen, bespielt ihr nur einmal."*

Spielphase

ca. 25 Minuten

Teilen Sie nun pro 2er-Team eine vorbereitete Spielstation und zwei Scheren aus. Die beiden übrig gebliebenen Spielstationen legen Sie vorn aufs Pult, auf einen freien Tisch oder die Fensterbank. *„Schneidet nun bitte gemeinsam die farbige Gleichungskarte aus, sodass ihr einzelne Hölzer und Schachteln erhaltet. Denkt daran, die Papierreste im Papierkorb zu entsorgen. Legt dann die Spielsituation, wie sie auf der weißen Gleichungskarte abgebildet ist, vor euch auf den Tisch und fangt an, zu spielen. Tragt die Ergebnisse auf eurem Laufzettel ein. Sobald ihr eine Spielstation beendet habt, geht ihr bitte zu einer anderen. Lasst die weiße Gleichungskarte und die farbigen Hölzer und Schachteln auf eurem Tisch liegen. Eure Spielzeit beträgt 25 Minuten."*

Sicherung

ca. 10 Minuten

Beenden Sie die Spielphase mit einem akustischen Signal. Die Schüler*innen können an der jeweiligen Spielstation sitzen bleiben und müssen nicht zu ihrem eigentlichen Sitzplatz zurückkehren, um keine Zeit zu verlieren.
Legen Sie die Lösungen auf den OHP und besprechen Sie diese kurz. *„Welche Lösungen habt ihr für die verschiedenen Stationen gefunden? Was fällt euch an den Ergebnissen auf dem Laufzettel auf?"*
Thematisieren Sie kurz, dass auf beiden Seiten der Gleichung immer gleich viele Hölzer liegen. *„Wer kann die Frage beantworten, die wir zum Stundenbeginn gestellt haben? Ihr könnt die Gleichung mit den Hölzern und Schachteln an die Tafel schreiben, um die Situation aus dem Comic zu visualisieren."* Die schrittweise Lösung ist unter dem Comic abgedruckt. Unter Anwendung der Spielregeln kann nun die zum Stundenbeginn gestellte Frage gelöst werden. Fordern Sie eine*n Schüler*in auf, die gefundene Lösung auf die Frage zu beziehen, sodass diese*r einen Antwortsatz formuliert. *„Wie viele Streichhölzer hat jedes Kind bekommen?"* Die Antwort lautet: Jedes Kind hat von der Mutter 13 Hölzer bekommen.

Ausblick

In der folgenden Stunde können Sie mit den Schüler*innen thematisieren, was man anstelle der Hölzer und Schachteln schreiben kann. Hierzu können Sie das Beispiel erneut verwenden und es an die Tafel schreiben/malen. Durch das Wegnehmen der Hölzer und Schachteln müssen Sie immer wieder eine neue Spielsituation anschreiben. Dies nimmt viel Zeit in Anspruch. Nehmen Sie dieses Problem als Aufhänger und fragen Sie danach, was man anstelle der Hölzer und Schachteln schreiben könne. Notieren Sie:

$$3x + 2 = 2x + 6$$
$$x + 2 = 6$$
$$x = 4$$

Variante

Bereiten Sie die acht verschiedenen Gleichungskarten mit echten Schachteln und Hölzern vor, damit die Stunde für die Schüler*innen etwas ganz Besonderes ist, wodurch die Motivation enorm ansteigt. Hierzu brauchen Sie 29 Schachteln und 146 Hölzer. Es ist sinnvoll, die Schachteln und Hölzer mit der dazugehörigen Gleichungskarte in eine Dose zu legen. Füllen Sie in jede Schachtel die Anzahl Hölzer, die für die Station richtig ist (siehe Lösung). Die Schüler*innen haben so eine schnelle Kontrollmöglichkeit. Wichtig ist, dass Sie im Vorfeld thematisieren, dass die Schachteln zur Kontrolle erst nach dem Lösen geöffnet werden dürfen.

Comic

 © Verlag an der Ruhr | Autorinnen: Lioba Sernetz & Susanne El Faramawy | ISBN 978-3-8346-4334-6 | www.verlagruhr.de

Spielregeln

Das Hölzer-Schachtel-Spiel wird zu zweit gespielt. Das Spiel besteht aus 8 verschiedenen Stationen, wovon möglichst viele Stationen in beliebiger Reihenfolge gelöst werden müssen. Teammitglied 1 legt die auf dem weißen Zettel vorgegebene Situation aus Hölzern und Schachteln. Teammitglied 2 muss herausfinden, wie viele Hölzer in eine Schachtel gehören. An der nächsten Station legt Teammitglied 2 die Situation und Teammitglied 1 löst die Aufgabe. Dabei müssen mehrere Spielregeln beachtet werden. Ziel ist es, dass auf einer Seite des Gleichheitszeichens nur noch eine Schachtel ist und auf der anderen Seite nur noch Hölzer sind.

Rechts und links vom Gleichheitszeichen kannst du nur folgendes machen, soweit es möglich ist:
- dieselbe Anzahl Hölzer wegnehmen
- dieselbe Anzahl Schachteln wegnehmen
- teilen aller Hölzer und Schachteln durch dieselbe Zahl

Hinweise
- Links und rechts vom Gleichheitszeichen liegen insgesamt gleich viele Hölzer.
- In allen Schachteln, die zu einer Station gehören, sind immer gleich viele Hölzer.

Beispiel

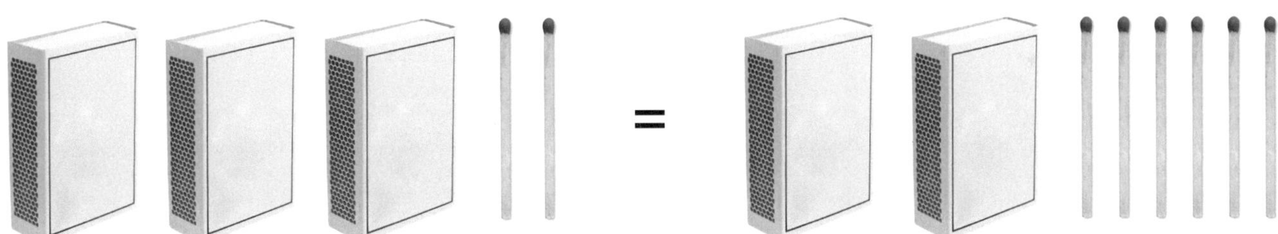

Schachtel: © devulderj, Streichholz: © kornienko – beides stock.adobe.com

Lösungen

Station	Beispiel	1	2	3	4	5	6	7	8
Wie viele Hölzer sind in einer Schachtel?	4	2	1	3	4	2	3	2	1
Wie viele Hölzer liegen insgesamt auf der **linken** Seite? (Hölzer in den Schachteln nicht vergessen)	14	4	7	9	13	7	8	7	4
Wie viele Hölzer liegen insgesamt auf der **rechten** Seite? (Hölzer in den Schachteln nicht vergessen)	14	4	7	9	13	7	8	7	4

Laufzettel

Station	**Beispiel**	**1**	**2**	**3**	**4**	**5**	**6**	**7**	**8**
Wie viele Hölzer sind in einer Schachtel?									
Wie viele Hölzer liegen in der Ausgangsgleichung insgesamt auf der **linken** Seite? (Hölzer in den Schachteln nicht vergessen)									
Wie viele Hölzer liegen in der Ausgangsgleichung insgesamt auf der **rechten** Seite? (Hölzer in den Schachteln nicht vergessen)									

Laufzettel

Station	**Beispiel**	**1**	**2**	**3**	**4**	**5**	**6**	**7**	**8**
Wie viele Hölzer sind in einer Schachtel?									
Wie viele Hölzer liegen insgesamt auf der **linken** Seite? (Hölzer in den Schachteln nicht vergessen)									
Wie viele Hölzer liegen insgesamt auf der **rechten** Seite? (Hölzer in den Schachteln nicht vergessen)									

Gleichungskarten (1/2)

Station 1

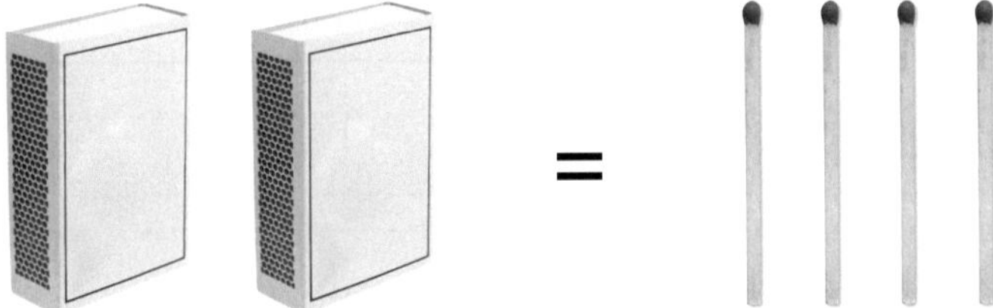

Schachtel: © devulderj, Streichholz: © kornienko – beides stock.adobe.com

Station 2

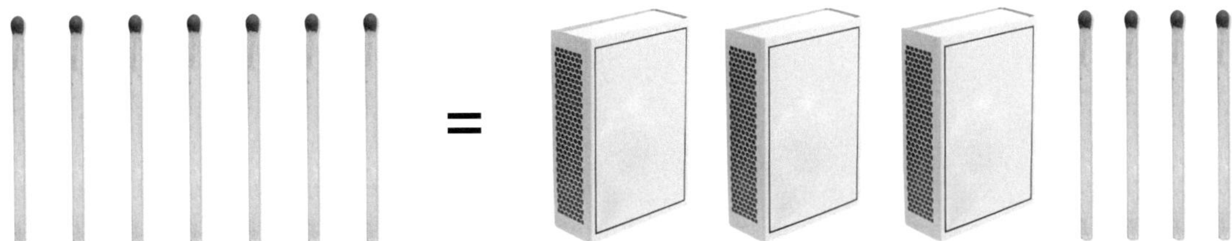

Schachtel: © devulderj, Streichholz: © kornienko – beides stock.adobe.com

Station 3

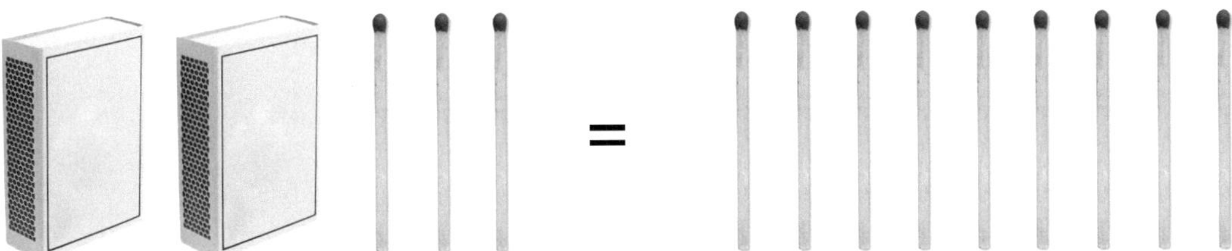

Schachtel: © devulderj, Streichholz: © kornienko – beides stock.adobe.com

Station 4

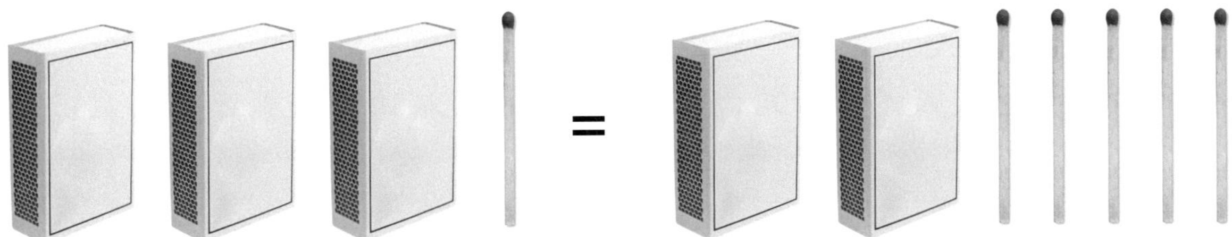

Schachtel: © devulderj, Streichholz: © kornienko – beides stock.adobe.com

Gleichungskarten (2/2)

Station 5

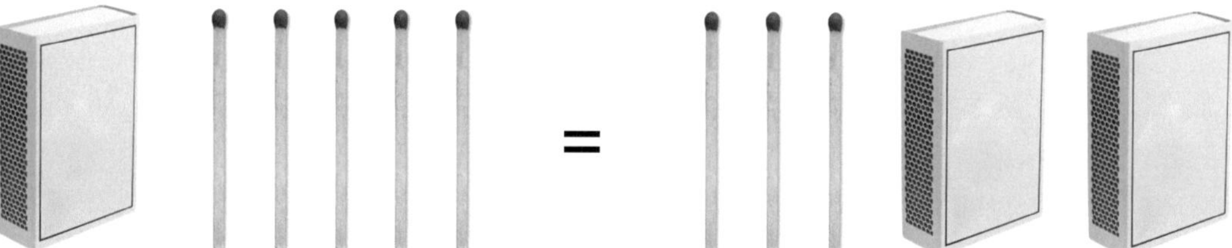

Schachtel: © devulderj, Streichholz: © kornienko – beides stock.adobe.com

Station 6

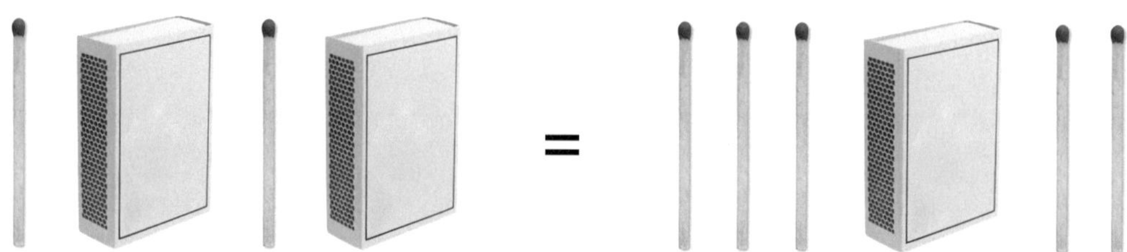

Schachtel: © devulderj, Streichholz: © kornienko – beides stock.adobe.com

Station 7

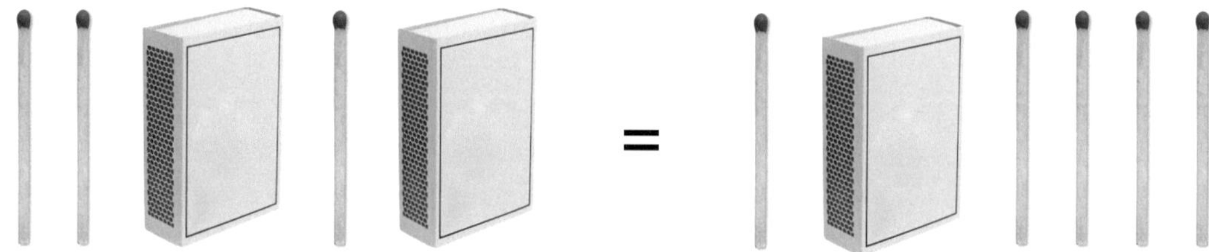

Schachtel: © devulderj, Streichholz: © kornienko – beides stock.adobe.com

Station 8

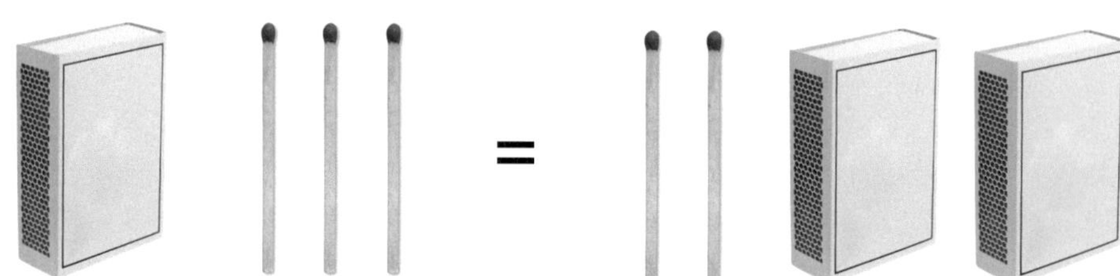

Schachtel: © devulderj, Streichholz: © kornienko – beides stock.adobe.com

Magische Kräfte

Darum geht's

Magier und Magierinnen verblüffen Jung und Alt. Häufig wird bei einem sehr tollen Trick schnell die Frage gestellt, wie dieser durchgeführt wurde. In dieser Stunde schlüpfen Sie in die Rolle des Magiers und der Magierin! Die Schüler*innen erhalten nicht nur einen kleinen Einblick in die Welt der Magie, sondern sie erstellen zusätzlich eine Zauberformel für den Umgang mit Textaufgaben, die ihnen dabei hilft, am Ende selbst den Trick zu beherrschen.

Kompetenzerwartungen

Die Schüler*innen …

- stellen mathematisches Fachwissen mit eigenen Worten dar (Argumentieren/Kommunizieren).
- fassen Terme zusammen und berechnen diese (Arithmetik/Algebra).
- erarbeiten in kooperativer Arbeitsweise Ergebnisse (Argumentieren/Kommunizieren).
- wenden die mathematische Fachsprache an (Argumentieren/Kommunizieren).

Material

- Grundausstattung der Schüler*innen: Taschenrechner
- Arbeitsblatt „Terme aufstellen" (S. 28)
- Materialblatt „Hilfekarte zum Terme-Aufstellen" (S. 29)

Vorbereitung

Die Schüler*innen müssen über Grundwissen zum Thema Terme verfügen und dazu in der Lage sein, Terme zusammenzufassen. Erinnern Sie Ihre Schüler*innen in der vorherigen Stunde daran, dass sie ihre Taschenrechner mitbringen sollen. Lernen Sie die Abfolge der Arbeitsanweisungen für den Zaubertrick auswendig (siehe Einstieg), damit die Schüler*innen von Ihren magischen Fähigkeiten fasziniert sind.
Kopieren Sie das Arbeitsblatt „Terme aufstellen" in Klassenstärke. Kopieren Sie die Hilfekarten in angemessener Anzahl, je nach Leistungsstand der Lerngruppe, sodass ausreichend Exemplare für leistungsschwächere Schüler*innen vorhanden sind. Schneiden Sie die Kopien auseinander und legen Sie diese auf das Pult oder an eine im Klassenraum dafür vorgesehene Stelle. Kopieren Sie die Lösungen auf S. 27 und schneiden Sie den unwichtigen Bereich für die Schüler*innen ab. Hängen Sie die Lösungen verdeckt an die Tafel.

Stundenverlauf

Einstieg

ca. 5 Minuten

Beginnen Sie die Stunde mit dem magischen Trick:
„Ich lade euch ein in die Welt der Magie! Lasst euch verblüffen. Entscheidet selbst, ob ihr mit einem Taschenrechner rechnen möchtet, ob ihr euch Notizen macht oder im Kopf rechnet."
Warten Sie einen kurzen Augenblick ab und beginnen Sie erst dann mit dem Trick, wenn alle Schüler*innen startklar sind. So vermeiden Sie unnötige Wiederholungen. Sprechen Sie langsam und machen Sie ausreichend Pausen, damit alle Schüler*innen mitrechnen können.
„Jeder von euch denkt sich eine Zahl. Verdreifacht diese Zahl. Das Ergebnis multipliziert ihr mit vier. Subtrahiert von diesem Ergebnis das Doppelte der gedachten Zahl. Nun sag mir, Leona, wie lautet dein Endergebnis?"
Leona nennt ihr Ergebnis, zum Beispiel 170.
„Mit all meinen magischen Kräften kann ich in deinen Gedanken die Zahl 17 erkennen. Ist das deine gedachte Zahl?" (Sie müssen das genannte Ergebnis durch zehn dividieren, damit Sie die gedachte Zahl erhalten.) Fragen Sie eine*n weitere*n Schüler*in, wenn Sie sich sicher sind, dass die Klasse den Trick dann nicht durchschaut. Nutzen Sie die Verblüffung der Schüler*innen aus und leiten Sie zur Arbeitsphase über.

Arbeitsphase

ca. 28 Minuten

„Habe ich magische Kräfte oder was steckt dahinter? Um das herauszufinden, erarbeitet ihr eine Zauberformel für den Umgang mit Rechenanweisungen und Textaufgaben. Zunächst arbeitet ihr in Einzelarbeit, dann in Partnerarbeit. Die Lösungen hängen verdeckt an der Tafel, sodass ihr eure Ergebnisse auf Richtigkeit überprüfen könnt." Verteilen Sie nun das Arbeitsblatt „Terme aufstellen".

„Falls ihr Fragen habt, könnt ihr euch eine Hilfekarte abholen. Beginnt nun mit dem Arbeitsblatt." Beobachten Sie die Schüler*innen und erinnern Sie ggf. einzelne Teams an die Hilfekarten und Lösungen an der Tafel.

Tipp

Vergrößern Sie die Lösungen, damit diese zeitgleich von mehreren eingesehen werden können.

Laminieren Sie die Hilfekarten, um sie mehrfach zu verwenden.

Variante

Lassen Sie die Schüler*innen in der Partnerarbeitsphase im Lerntempoduett zusammenarbeiten, damit keine unnötigen Wartezeiten entstehen. Hierzu sollten Sie im Vorfeld ein bis zwei zusätzliche Arbeitsplätze schaffen, damit die neu gefundenen Teams schnell weiterarbeiten können.

Sicherung

ca. 12 Minuten

Besprechen Sie zunächst die Ergebnisse der ersten Aufgabe, bevor Sie zu der Lösung der zweiten Aufgabe überleiten: *„Welche Tipps habt ihr in eurer Zauberformel notiert?"* Sammeln Sie einige Wortmeldungen und notieren Sie diese ggf. an der Tafel. Fordern Sie die Schüler*innen dazu auf, nicht gefundene Tipps in der eigenen Zauberformel im Heft zu ergänzen. Besprechen Sie im Anschluss die weiteren Aufgaben, bevor Sie noch einmal auf die Zauberformel zurückkommen: *„Jeder und jede von euch hat nun eine Zauberformel für den Umgang mit Rechenanweisungen und Textaufgaben vor sich liegen. Erinnert euch an den Stundenanfang. Besitze ich magische Kräfte oder wie konnte ich die gedachte Zahl herausfinden?"* Sammeln Sie einige Vermutungen. Nennen Sie erneut die Rechenanweisung, die Sie im Einstieg verwendet haben. Bitten Sie eine*n Schüler*in nach vorn an die Tafel. Diese*r notiert den Term mit Unterstützung der Klasse. Hierzu ist es möglicherweise erforderlich, dass Sie die Rechenanweisung erneut wiederholen. *„Fasse den Term so weit wie möglich zusammen."* Sobald das Ergebnis (10x) an der Tafel steht, müssen die Schüler*innen die Transferleistung erbringen, dass Sie zum Stundenbeginn die genannte Zahl durch 10 geteilt haben und so die gedachte Zahl herausfinden konnten. Unterstützen Sie die Schüler*innen bei diesem Vorgang mit gezielten Fragen. *„Wie konnte ich mit diesem Wissen die gedachte Zahl herausfinden? Was habe ich gerechnet, um die Zahl zu kennen?"* Führen Sie, wenn nötig, eine Beispielrechnung mit einer erdachten Zahl an der Tafel durch oder lassen Sie dies von einem*einer Schüler*in durchführen.

Term, den die Schüler*innen am Schluss der Stunde aufstellen sollen:

$x \cdot 3 \cdot 4 - 2x$		$[(x \cdot 3) \cdot 4] - 2x$
$= x \cdot 12 - 2x$	**oder**	$= (3x \cdot 4) - 2x$
$= 12x - 2x$		$= 12x - 2x$
$= 10x$		$= 10x$

Lösungen

Aufgabe 1

a) $2x + 3$
b) $x - 5$
c) $3x$

Ideen zu Aufgabe 2

- Textaufgabe genau lesen und nur die wichtigen Informationen unterstreichen.
- Für die gesuchte Zahl einen Platzhalter, wie zum Beispiel x, aufschreiben.
- Teilterme aufstellen und diese später zusammenfügen.
- Notiere ein Gleichheitszeichen, wenn in der Aufgabe steht „so erhält man".
- Zeichnungen zur besseren Vorstellung anfertigen

Aufgabe 3

a) Term: $3x - 5$
Rechnung: $3 \cdot 4 - 5 = 12 - 5 = 7$
b) Term: $2x$
Rechnung: $2 \cdot 4 = 8$
c) Term: $x + x + 80$
Rechnung: $50 + 50 + 80 = 180$
d) Term: $28 - x$
Rechnung: $28 - 3 = 25$

Sternchenaufgabe

Term: $3x + 5(x - 0{,}40\text{ €})$
Rechnung: $3 \cdot 1{,}10\text{ €} + 5 \cdot (1{,}10\text{ €} - 0{,}40\text{ €})$
$= 3{,}30\text{ €} + 5 \cdot 0{,}70\text{ €}$
$= 3{,}30\text{ €} + 3{,}50\text{ €} = 6{,}80\text{ €}$

Terme aufstellen

Aufgabe 1

Ordne in **Einzelarbeit** jeder Rechenanweisung den jeweils richtigen Term zu und notiere ihn.
Wenn du Hilfe brauchst, dann hole dir eine Hilfekarte.
Hinweis: Es gibt mehr Lösungsmöglichkeiten als Aufgaben.

$2x + 3$

$3x - 5$

$3x$

a) Das Doppelte einer Zahl, vermehrt um 3. ....

b) Die Differenz einer Zahl und 5. ....

c) Tom ist x Jahre alt. Sein Bruder ist dreimal so alt. Er ist .... Jahre alt.

$x + 5$ $1 \cdot 2x + 3$ $x - 5$

Aufgabe 2

a) Erstelle in **Einzelarbeit** eine Zauberformel für den Umgang mit Rechenanweisungen. Stell dir vor, ein Mitschüler oder eine Mitschülerin war krank und durch deine Tipps soll er oder sie einen Term aufstellen können. Notiere Stichworte in deinem Heft. Nutze Fachbegriffe, wie z. B. „Teilterme aufstellen und später zusammenfügen".

b) Vergleiche Aufgabe 1 und die Zauberformel mit **deinem Sitznachbarn oder deiner Sitznachbarin**. Falls ihr eine Frage habt, dann holt euch eine Hilfekarte. Vergleicht eure Ergebnisse mit den Lösungen an der Tafel.

Aufgabe 3

Stellt den Term für die Rechenanweisungen und Textaufgaben in **Partnerarbeit** auf und notiert ihn auf dem Blatt. Berechne den Term anschließend im Heft.

a) Das Dreifache einer Zahl vermindert um 5 ist ....
Berechne den Term für x = 4.

b) Tamina ist x Jahre alt. Ihre Schwester ist doppelt so alt. Sie ist .... Jahre alt. Wie alt ist ihre Schwester, wenn Tamina 4 Jahre alt ist?

c) Im Fußballverein spielen x Spieler. Im Handballverein spielen 80 Spieler mehr. In beiden Vereinen zusammen spielen .... Spieler. Wie viele Spieler spielen in beiden Vereinen zusammen, wenn im Fußballverein 50 Spieler spielen?

d) In der Klasse 6a sind 28 Schüler. Davon sind x Schüler in diesem Schuljahr dazugekommen. Es sind .... Schüler, die letztes Jahr schon in der Klasse waren. Wie viele Schüler waren im letzten Jahr schon in der Klasse, wenn 3 Schüler hinzugekommen sind?

✶ Ein Stück Kuchen kostet x Cent, ein Brötchen kostet 40 Cent weniger. 3 Stücke Kuchen und 5 Brötchen kosten zusammen .... Wie teuer sind 3 Stücke Kuchen und 5 Brötchen, wenn ein Stück Kuchen 1,10 € kostet?

Aufgabe 4

a) Vergleicht eure Ergebnisse mit den Lösungen.

b) Überlegt, ob es noch weitere Ergänzungen für die Zauberformel gibt. Ergänzt diese, falls notwendig.

Hilfekarte zum Terme-Aufstellen

Beispiel	Term
• das Zweifache der Zahl … • das Doppelte der Zahl … • das Produkt aus 2 und x …	2x
• die Hälfte der Zahl … • halb so groß … • ein Viertel der Zahl … • der Quotient aus x und 4 …	$\frac{1}{2}$ x oder $\frac{x}{2}$ oder x : 2 $\frac{1}{4}$ x oder $\frac{x}{4}$ oder x : 4
• addiere zu einer Zahl 6 … • Summe aus einer Zahl und 6 …	x + 6
• vermindere die Zahl um 3 … • subtrahiere 3 von der Zahl … • die Differenz aus x und 3 …	x – 3

Hilfekarte zum Terme-Aufstellen

Beispiel	Term
• das Zweifache der Zahl … • das Doppelte der Zahl … • das Produkt aus 2 und x …	2x
• die Hälfte der Zahl … • halb so groß … • ein Viertel der Zahl … • der Quotient aus x und 4 …	$\frac{1}{2}$ x oder $\frac{x}{2}$ oder x : 2 $\frac{1}{4}$ x oder $\frac{x}{4}$ oder x : 4
• addiere zu einer Zahl 6 … • Summe aus einer Zahl und 6 …	x + 6
• vermindere die Zahl um 3 … • subtrahiere 3 von der Zahl … • die Differenz aus x und 3 …	x – 3

Memo-Spiel

Darum geht's

Im Alltag ist es notwendig, verschiedene Maßzahlen einer passenden Sachsituation zuzuordnen. Ob beim Backen, Kochen, in der Werkstatt oder im Kaufhaus, überall werden wir mit Maßzahlen konfrontiert. Anhand einer Erzählung wird die Problematik, dass den verschiedenen Gegenständen bzw. Bereichen des Autos Maßzahlen falsch zugeordnet worden sind, aufgeworfen. Die Schüler*innen werden in dieser Stunde für die unterschiedlichen Maßeinheiten sensibilisiert, indem sie ein Memo-Spiel spielen.

Kompetenzerwartungen

Die Schüler*innen ...

- ordnen Maßzahlen geeigneten Gegenständen zu (Arithmetik/Algebra).
- wenden ihre arithmetischen Kenntnisse von Zahlen und Größen an (Arithmetik/Algebra).
- sprechen über eigene und vorgegebene Lösungswege und korrigieren Fehler (Argumentieren/Kommunizieren).

Material

- Folienvorlage „Auto" (S. 32), OHP, Folienstift
- Arbeitsblatt „Memo-Karten – Niveau I" (S. 33) oder „Memo-Karten – Niveau II" (S. 34)
- Scheren im Klassensatz

Vorbereitung

Vergewissern Sie sich, dass der Lerngruppe bereits einige der auf dem Arbeitsblatt verwendeten Maßeinheiten bekannt sind. Kopieren Sie die Vorlage „Auto" auf Folie und schneiden Sie diese entlang der gestrichelten Linie durch. Wählen Sie je nach Leistungsstand der Lerngruppe die geeignetere Memo-Variante aus und kopieren Sie diese im halben Klassensatz plus einer zusätzlichen Kopie als Lösung. Notieren Sie auf dem Lösungsblatt handschriftlich:
„Der Gegenstand und die Maßzahl mit der gleichen Position innerhalb der Reihen ergeben ein Pärchen."

Verbinden Sie mit einem Pfeil die Memo-Karte mit der Maßzahl 62 ct mit dem Bild von einem Liter Milch, um die Erklärung zu visualisieren. Weisen Sie die Schüler*innen im Vorfeld darauf hin, dass sie für die Unterrichtsstunde eine Schere benötigen, oder leihen Sie einen Klassensatz Scheren aus dem Kunstraum aus.

Stundenverlauf

Einstieg

ca. 5 Minuten

Legen Sie die Folie „Auto" auf den OHP. Lassen Sie die verschiedenen Maßzahlen und das Auto zunächst auf die Lerngruppe wirken. Warten Sie erste Schülerreaktionen ab, dann legen Sie die Geschichte „Herr Brauers erzählt (I)" auf und fordern eine*n Schüler*in auf, diese vorzulesen. *„Was fällt euch an der Erzählung von Herrn Brauers auf?"* Sammeln Sie einige Schülerbeiträge. Arbeiten Sie das Problem, dass Herr Brauers die Maßzahlen zu seinem Auto leider völlig falsch zugeordnet hat, heraus. *„Unser heutiges Ziel ist es, am Schluss der Stunde die Erzählung von Herrn Brauers gemeinsam zu verbessern. Hierzu werdet ihr zunächst zu zweit ein Memo-Spiel spielen."*

Vorbereitung

ca. 5 Minuten

Erklären Sie, dass die Schüler*innen paarweise zusammenarbeiten und verteilen Sie an jedes 2er-Team ein Arbeitsblatt „Memo-Karten" und ggf. die Scheren.
„Schneidet nun entlang der gestrichelten Linie das Blatt durch, damit jeder und jede von euch die Hälfte der Memo-Karten ausschneiden kann. Ihr habt für das Ausschneiden 5 Minuten Zeit. Schneidet sorgfältig, damit ihr gleich große Memo-Karten erhaltet."
Hängen Sie nun die Lösung verdeckt an die Tafel.

Spielphase

ca. 25 Minuten

Erklären Sie für alle Teams die Regeln beim Memo-Spiel.

„Dreht nun alle ausgeschnittenen Memo-Karten um und mischt diese durch Verschieben auf dem Tisch. Ordnet die Memo-Karten im Anschluss gleichmäßig oder wild durcheinander auf dem Tisch an. Dies entscheidet jedes Team für sich. Dann deckt Teammitglied A zwei Karten auf. Wenn diese zusammenpassen, darf er oder sie beide Karten behalten und hat ein erstes Pärchen. Teammitglied A ist dann erneut an der Reihe. Wenn er oder sie jetzt zwei Karten umdreht, die nicht zueinander passen, ist Teammitglied B an der Reihe. Sobald ihr alle Pärchen gefunden habt, notiert die Pärchen in eurem Heft. Vergleicht dann eure Ergebnisse mit den Lösungen an der Tafel."

Stehen Sie den Schüler*innen beratend zur Seite.

Tipp

- Für leistungsschwache Teams können Sie die Spielphase vereinfachen, indem die Teammitglieder die Pärchen zunächst offen auf dem Tisch sortieren. Anschließend sollen sie ebenfalls Memo spielen.
- Sie können die Anzahl der Pärchen für einzelne Teams reduzieren, indem Sie die entsprechende Anzahl Memo-Karten von dem Arbeitsblatt streichen.
- Sie können leistungsstarke Teams beide Niveaustufen hintereinander spielen lassen.
- Sie können sehr leistungsstarke Teams gleichzeitig mit beiden Niveaustufen spielen lassen.

Sicherung

ca. 10 Minuten

Beenden Sie die Spielphase mit einem akustischen Signal. Erinnern Sie die Schüler*innen an das Ziel der Stunde. *„Nachdem ihr euch durch das Spielen verschiedene Maßzahlen wieder in Erinnerung gerufen habt, berichtigen wir die Geschichte von Herrn Brauers."*

Legen Sie nun die Folie „Auto" und die Folie „Herr Brauers erzählt (II)" untereinander auf den OHP. Wenn es zeitlich möglich ist, können Sie die Schüler*innen die Lücken vorn ausfüllen lassen. Sollte hierfür keine Zeit vorhanden sein, übernehmen Sie diese Aufgabe und notieren die genannten Schülerlösungen auf der Folie.

Lösungen

Folienvorlage „Auto"
Herr Brauers erzählt (II)

- 1,6 t;
- 4,6 s;
- 19 Zoll;
- 4,3 m;
- 50 l;
- 20 520 km;
- 45 000 €;
- 2 Jahre;
- 20 m^2;
- 180°

Auto

© Rawpixel – stock.adobe.com

Herr Brauers erzählt (I)

Hallo Hilde, ich komme gerade vom Autohändler und habe mir mein Traumauto gekauft. Ich bin so aufgeregt, dass ich dir gleich alles erzählen muss. Der Verkäufer hat mir alles ganz genau erklärt. Mein Auto wiegt **19 Zoll**, sodass ich nach wie vor über die kleine Brücke am See fahren kann. Von 0 auf 100 bin ich in **2 Jahren**. Meine Reifen sind **180°** groß. Das werden richtig schöne Alufelgen sein in der Größe. Mit einer Länge von **20520 km** finde ich auch in der Stadt noch einen Parkplatz. An der Tankstelle stehe ich etwas länger, denn in den Tank passen **20 m²**. Die Laufleistung des Autos beträgt **45 000 €** und das Beste daran ist, dass ich nur **4,3 m** dafür bezahlen muss. Der Wagen ist erst **1,6 t** alt. Wenn ich in meiner **4,6 s** großen Garage einparken möchte, dann mache ich das am besten, indem ich die Handbremse ziehe und mich mit einer **50 l** Drehung in die Garage manövriere.

Herr Brauers erzählt (II)

Hallo Hilde, ich komme gerade vom Autohändler und habe mir mein Traumauto gekauft. Ich bin so aufgeregt, dass ich dir gleich alles erzählen muss. Der Verkäufer hat mir alles ganz genau erklärt. Mein Auto wiegt ...., sodass ich nach wie vor über die kleine Brücke am See fahren kann. Von 0 auf 100 bin ich in .... Meine Reifen sind .... groß. Das werden richtig schöne Alufelgen sein in der Größe. Mit einer Länge von .... finde ich auch in der Stadt noch einen Parkplatz. An der Tankstelle stehe ich etwas länger, denn in den Tank passen .... Die Laufleistung des Autos beträgt .... und das Beste daran ist, dass ich nur .... dafür bezahlen muss. Der Wagen ist erst .... alt. Wenn ich in meiner .... großen Garage einparken möchte, dann mache ich das am besten, indem ich die Handbremse ziehe und mich mit einer .... Drehung in die Garage manövriere.

Memorykarten – Niveau I

© rdnzl – stock.adobe.com

© dimedrol68 – stock.adobe.com

© Passakorn Umpornmaha – Shutterstock.com

© gekaskr – stock.adobe.com

© Natika – stock.adobe.com

© siraphol – stock.adobe.com

© Dmitry Vereshchagin – stock.adobe.com

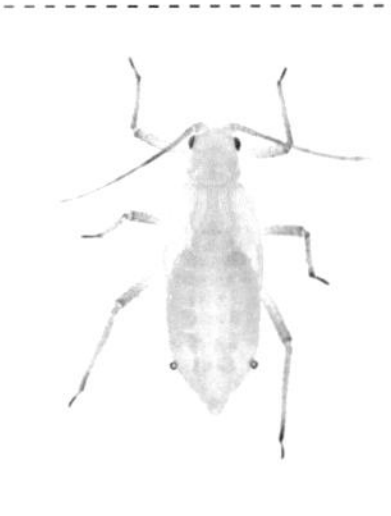

© nechaevkon – Shutterstock.com

© MicroOne – Shutterstock.com

© Verlag an der Ruhr

Memorykarten – Niveau I

89 ct	**45 Minuten**	**1 t**	**30 kg**	**60 g**
20 cm	**2 m**	**1 mm**	**3,5 km**	**500 mg**

Memorykarten – Niveau II

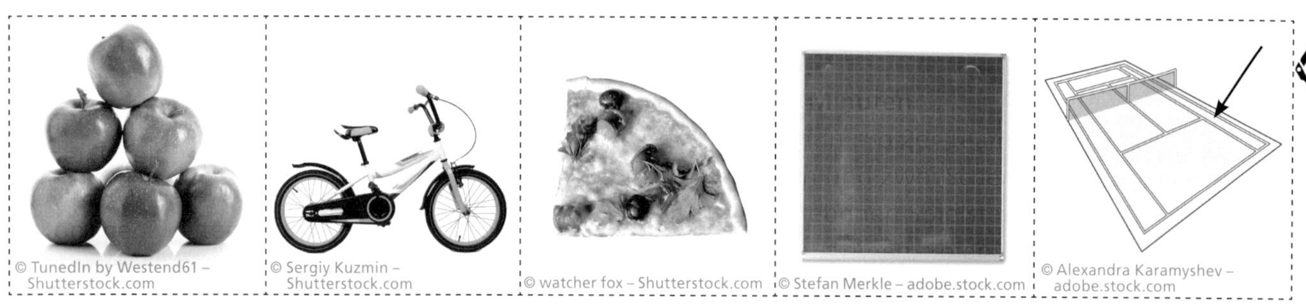

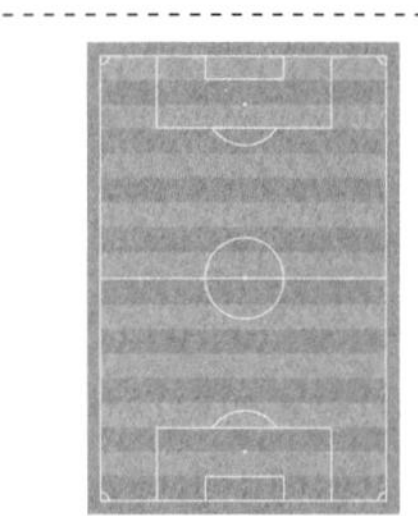

Memorykarten – Niveau II

3 €	**12 Zoll**	**90 °**	**1 m^2**	**1 a**
1 ha	**1 l**	**3 cm^2**	**1 cm^3**	**1 m^3**

Quizduell

Darum geht's

Ist die Zahl 34272 durch 3 teilbar oder nicht? Sie ist es. Die meisten Menschen brauchen einen Taschenrechner, um diese Frage beantworten zu können. Doch wer die Teilbarkeitsregeln kennt und anwenden kann, kommt auch ohne Taschenrechner schnell zu der richtigen Antwort. In dieser Stunde erarbeitet sich die Lerngruppe die Teilbarkeitsregeln für die Zahlen 2, 3, 5 und 10 und wendet diese im Quiz an.

Kompetenzerwartungen

Die Schüler*innen …

- wenden Teilbarkeitsregeln für die Zahlen 2, 3, 5 und 10 an (Arithmetik/Algebra).
- entnehmen Informationen einem Informationsblatt und geben diese mit eigenen Worten wieder (Argumentieren/Kommunizieren).
- bereiten in einer Expertengruppe Informationen für eine Präsentation auf und erklären diese in einer Konferenz (Argumentieren/Kommunizieren).

Material

- 4 Taschenrechner
- 4 verschiedenfarbige Blätter (zum Beispiel rot, gelb, grün und blau), DIN A 4 oder größer
- Arbeitsblätter „Teilbarkeitsregeln" (S. 38–41)

Vorbereitung

Fordern Sie vier verlässliche Schüler*innen in der vorhergehenden Stunde dazu auf, einen Taschenrechner mitzubringen. Schneiden Sie die vier verschiedenfarbigen Blätter jeweils in acht gleich große Stücke und beschriften Sie die Stücke jeder Farbe mit den Ziffern von eins bis acht, sodass Sie am Ende vier verschiedenfarbige Stücke mit der Ziffer eins haben, vier mit der Ziffer zwei usw. haben. Diese Vorbereitung ist für eine Lerngruppe mit 32 Teilnehmern ausgelegt. Passen Sie diese ggf an. Mischen Sie die Farbkarten gut durch. Fertigen Sie im viertel Klassensatz Kopien von den Arbeitsblättern an. Vergegenwärtigen Sie sich die Teilbarkeitsregeln.

Endziffernregeln:
Eine Zahl ist nur dann durch

- ➡ 2 teilbar, wenn die Endziffer 0; 2; 4; 6 oder 8 ist.
- ➡ 5 teilbar, wenn die Endziffer 0 oder 5 ist.
- ➡ 10 teilbar, wenn die Endziffer eine 0 ist.

Quersummenregel:
Eine Zahl ist nur dann durch

- ➡ 3 teilbar, wenn ihre Quersumme durch 3 teilbar ist.

Für das Gelingen der Stunde ist es hilfreich, wenn die Tische in Reihen angeordnet sind. In dieser Unterrichtsstunde arbeiten Sie nach dem Think-Pair-Share-Prinzip.

Stundenverlauf

Einstieg

ca. 5 Minuten

Fordern Sie die vier Schüler*innen, die Sie zuvor um das Mitbringen des Taschenrechners gebeten haben, auf, den Taschenrechner auszupacken und anzuschalten. Weisen Sie jedem*jeder dieser vier Schüler*innen eine der Zahlen 2, 3, 5 und 10 zu. *„Ihr sollt mit dem Taschenrechner überprüfen, ob die Zahl, die gleich von einem Mitschüler oder einer Mitschülerin angeschrieben wird, durch eure zugeteilte Zahl teilbar ist."* Holen Sie eine*n Schüler*in ohne Taschenrechner an die Tafel. Notieren Sie in der Zwischenzeit an der Tafel: *„Ist die Zahl durch 2, 3, 5 oder 10 teilbar?"* Fordern Sie nun den*die Schüler*in auf: *„Schreib bitte eine mindestens zweistellige Zahl auf und ich sage dir ganz schnell und ohne Taschenrechner, ob diese durch 2, 3, 5 und/oder 10 teilbar ist. Alle mit Taschenrechner überprüfen ihre zugewiesene Zahl und alle anderen rechnen wie ich im Kopf."*
Lassen Sie den*die Schüler*in eine Zahl an die Tafel schreiben. Geben Sie daraufhin schnell Ihre Antwort. Die vier Schüler*innen mit dem Taschenrechner überprüfen diese und stellen die Richtigkeit fest. Wiederholen Sie diesen Vorgang noch 2- bis 3-mal. Fordern Sie den*die Schüler*in

auf, zurück zu seinem*ihrem Platz zu gehen und warten Sie auf Rückmeldungen der Lerngruppe. Wenn diese sich nicht selbstständig meldet, helfen Sie nach: *„Welche Frage stellt ihr euch nach dieser Recheneinheit?“* Notieren Sie eine Schülerfrage an der Tafel, um auf diese am Schluss der Stunde zurückgreifen zu können. Eine Schülerfrage könnte beispielsweise lauten: Wie konnten Sie ohne Taschenrechner so schnell die Teiler rausfinden?
„Um diese Frage beantworten zu können, werdet ihr nun in Expertengruppen arbeiten.“

Erarbeitung

ca. 15 Minuten
Verteilen Sie die gemischten Farbkarten an die Lerngruppe, sodass jede*r Schüler*in eine Farbkarte erhält und die Klasse nach dem Verteilen geviertelt wurde. Sollte dies nicht glatt aufgehen, ordnen Sie einem*einer leistungsschwachen Schüler*in eine*n leistungsstarke*n zu und geben Sie diesem Team nur eine Farbkarte. Für den weiteren Verlauf bleiben diese beiden zusammen, teilen Sie dies der Lerngruppe mit, um Missverständnissen vorzubeugen. Fordern Sie die Schüler*innen dazu auf, sich in der jeweiligen Farbe zusammenzusetzen. *„Alle mit einer roten Farbkarte setzen sich in die erste Reihe. Alle mit einer grünen Farbkarte setzen sich in die zweite Reihe usw. Sortiert euch nach den Zahlen aufsteigend von links nach rechts von vorn gesehen.“* Nummer eins sitzt von vorn aus gesehen ganz links und Nummer acht ganz rechts. Verteilen Sie nun an alle Schüler*innen einer Reihe ein Arbeitsblatt mit der gleichen Teilbarkeitsregel, sodass sich jede Reihe mit einer anderen Zahl beschäftigt. Stehen Sie den Schüler*innen in der Arbeitsphase unterstützend zur Seite und überprüfen Sie die notierten Regeln von dem Teammitglied mit der Farbkarte eins auf Richtigkeit. Fordern Sie den*die Schüler*in auf, die überprüfte Regel für alle Mitglieder der Gruppe erneut vorzulesen, damit diese ggf. eine Korrektur vornehmen können. Beenden Sie nach Ablauf der Zeit die Erarbeitung. *„In den Expertengruppen habt ihr euch Wissen erarbeitet. Dieses sollt ihr nun in einer Konferenz euren Mitschüler*innen präsentieren, damit ihr im anschließenden Quizduell alle die gleichen Gewinnchancen habt.“*

Präsentation

ca. 8 Minuten
*„Alle Schüler*innen, die auf ihrer Farbkarte eine eins stehen haben, treffen sich zur Konferenz hier vorn in der Ecke. Nehmt bitte euer Arbeitsblatt und einen Stift mit. Notiert euch die Teilbarkeitsregeln, die von den anderen Experten erarbeitet wurden.“* Verfahren Sie mit dieser Einteilung für alle Zahlen so und weisen Sie den Gruppen jeweils einen anderen Bereich im Klassenraum zu. Nennen Sie den Schüler*innen die Zeit, die ihnen für die Konferenz bleibt, sobald alle an ihren Treffpunkten angekommen sind. Wenn die Zeit abgelaufen ist, erfragen Sie die Teilbarkeitsregeln für die Zahlen 2, 3, 5 und 10.

Spielphase

ca. 12 Minuten
Schreiben Sie auf die linke ausgeklappte Tafel die vier Farben untereinander, die Sie für die Farbkarten verwendet haben, damit Sie hier die Punkte der einzelnen Gruppen notieren können. *„Ihr habt in den verschiedenen Konferenzen erfahren, wann eine Zahl durch 2, 3, 5 oder 10 teilbar ist. Trefft euch nun in eurer Expertengruppe – alle haben die gleiche Farbe – an eurer Tischreihe wieder. Setzt euch möglichst nah zusammen, damit ihr euch während des Quizduells gut beraten könnt. Ich schreibe gleich Zahlen an die Tafel. Die Gruppe, die sich zuerst meldet und korrekt angibt, ob die Zahl durch 2, 3, 5 und/oder 10 teilbar ist, bekommt einen Punkt. Fehlt einer dieser Teiler, bekommt keine Gruppe einen Punkt und ich notiere eine neue Zahl.“*

Quizzahlen für das Quizduell
477; 120; 892; 125; 200; 300; 384; 4980; 376; 145; 938; 297

Sicherung

ca. 5 Minuten

Weisen Sie auf die zu Beginn der Stunde an der Tafel notierte Frage hin und lassen Sie diese von den Schüler*innen beantworten.

> **Tipp**
> In besonders leistungsstarken Klassen können Sie weitere Teilbarkeitsregeln aufnehmen, wie zum Beispiel: 4, 6, 8 und 9.

Lösungen

Arbeitsblätter: Teilbarkeitsregeln

Eine Zahl ist nur dann durch
- 2 teilbar, wenn die Endziffer 0; 2; 4; 6 oder 8 ist.
- 5 teilbar, wenn die Endziffer 0 oder 5 ist.
- 10 teilbar, wenn die Endziffer eine 0 ist.

Eine Zahl ist nur dann durch
- 3 teilbar, wenn ihre Quersumme durch 3 teilbar ist.

Quizzahlen für das Quizduell
- 477 (3, da Quersumme 18)
- 120 (2, 3, 5 und 10)
- 892 (2)
- 125 (5)
- 200 (2, 5 und 10)
- 300 (2, 3, 5 und 10)
- 384 (2 und 3)
- 4980 (2, 3, 5 und 10)
- 376 (2)
- 145 (5)
- 938 (2)
- 297 (3)

Teilbarkeitsregel für die Zahl 2

Durch verschiedene Regeln kann die Teilbarkeit von Zahlen überprüft werden.
Ihr erarbeitet die Teilbarkeitsregel für die Zahl 2.

Aufgaben

1. Überprüfe durch Rechnung, ob die Zahlen durch 2 teilbar sind.
2. Streiche alle Zahlen durch, die nicht durch 2 teilbar sind.

3. Notiere alle Zahlen, die durch 2 teilbar sind, auf der Linie.

   ....

4. Was fällt dir an den Zahlen auf, die durch 2 teilbar sind? Besprich deine Überlegungen mit deinem Sitznachbarn oder deiner Sitznachbarin.
5. Formuliert eine Regel für die Teilbarkeit durch 2.
   Eine Zahl ist nur dann durch 2 teilbar, wenn ....

   ....

6. Überprüft eure Regel innerhalb der großen Gruppe.
7. Notiert in der Konferenz alle anderen Teilbarkeitsregeln der anderen Gruppen.

   Eine Zahl ist nur dann durch 3 teilbar, wenn ....

   ....

   Eine Zahl ist nur dann durch 5 teilbar, wenn ....

   ....

   Eine Zahl ist nur dann durch 10 teilbar, wenn ....

   ....

 © Verlag an der Ruhr | Autorinnen: Lioba Sernetz & Susanne El Faramawy | ISBN 978-3-8346-4334-6 | www.verlagruhr.de

Teilbarkeitsregel für die Zahl 3

Durch verschiedene Regeln kann die Teilbarkeit von Zahlen überprüft werden.
Ihr erarbeitet die Teilbarkeitsregel für die Zahl 3.

Aufgaben

1. Überprüfe durch Rechnung, ob die Zahlen durch 3 teilbar sind.

2. Streiche alle Zahlen durch, die nicht durch 3 teilbar sind.
3. Notiere alle Zahlen, die durch 3 teilbar sind, auf der Linie.

   ....

Die Summe aller Ziffern einer Zahl nennt man Quersumme.
Beispiel: die Quersumme von 10 ist 1, denn 1 + 0 = 1

4. Berechne die Quersumme der Zahlen, die durch 3 teilbar sind, und notiere sie in Aufgabe 3 auf der Linie.

   Besprich deine Lösungen mit deinem Sitznachbarn oder deiner Sitznachbarin.
   Überprüft gemeinsam: Ist die Quersumme immer durch 3 teilbar?

5. Ergänzt die Regel für die Teilbarkeit durch 3.
   Eine Zahl ist nur dann durch 3 teilbar, wenn ....

   ....

6. Überprüft eure Regel innerhalb der großen Gruppe.
7. Notiert in der Konferenz alle anderen Teilbarkeitsregeln der anderen Gruppen.

   Eine Zahl ist nur dann durch 2 teilbar, wenn ....

   ....

   Eine Zahl ist nur dann durch 5 teilbar, wenn ....

   ....

   Eine Zahl ist nur dann durch 10 teilbar, wenn ....

   ....

Teilbarkeitsregel für die Zahl 5

Durch verschiedene Regeln kann die Teilbarkeit von Zahlen überprüft werden.
Ihr erarbeitet die Teilbarkeitsregel für die Zahl 5.

Aufgaben

1. Überprüfe durch Rechnung, ob die Zahlen durch 5 teilbar sind.

2. Streiche alle Zahlen durch, die nicht durch 5 teilbar sind.

3. Notiere alle Zahlen, die durch 5 teilbar sind, auf der Linie.

....

4. Was fällt dir an den Zahlen auf, die durch 5 teilbar sind? Besprich deine Überlegungen mit deinem Sitznachbarn oder deiner Sitznachbarin.

5. Formuliert eine Regel für die Teilbarkeit durch 5.
Eine Zahl ist nur dann durch 5 teilbar, wenn ....

....

6. Überprüft eure Regel innerhalb der großen Gruppe.

7. Notiert in der Konferenz alle anderen Teilbarkeitsregeln der anderen Gruppen.

Eine Zahl ist nur dann durch 2 teilbar, wenn ....

....

Eine Zahl ist nur dann durch 3 teilbar, wenn ....

....

Eine Zahl ist nur dann durch 10 teilbar, wenn ....

....

  ISBN 978-3-8346-4334-6 | www.verlagruhr.de

Teilbarkeitsregel für die Zahl 10

Durch verschiedene Regeln kann die Teilbarkeit von Zahlen überprüft werden.
Ihr erarbeitet die Teilbarkeitsregel für die Zahl 10.

Aufgaben

1. Überprüfe durch Rechnung, ob die Zahlen durch 10 teilbar sind.

2. Streiche alle Zahlen durch, die nicht durch 10 teilbar sind.
3. Notiere alle Zahlen, die durch 10 teilbar sind, auf der Linie.

   ....

4. Was fällt dir an den Zahlen auf, die durch 10 teilbar sind? Besprich deine Überlegungen mit deinem Sitznachbarn oder deiner Sitznachbarin.
5. Formuliert eine Regel für die Teilbarkeit durch 10.
   Eine Zahl ist nur dann durch 10 teilbar, wenn ....

   ....
6. Überprüft eure Regel innerhalb der großen Gruppe.
7. Notiert in der Konferenz alle anderen Teilbarkeitsregeln der anderen Gruppen.

   Eine Zahl ist nur dann durch 2 teilbar, wenn ....

   ....

   Eine Zahl ist nur dann durch 3 teilbar, wenn ....

   ....

   Eine Zahl ist nur dann durch 5 teilbar, wenn ....

   ....

Shake hands

Darum geht's

Das Ausmultiplizieren von Termen ist grundsätzlich nicht schwierig, jedoch müssen die Regeln dafür verinnerlicht worden sein. Damit diese auch nachhaltig in den Köpfen der Lerngruppe präsent sind, werden die Regeln in dieser Stunde handlungsorientiert vermittelt.

Kompetenzerwartungen

Die Schüler*innen …
- multiplizieren Terme aus (Arithmetik/Algebra).

Material

- „Shake hands"-Figuren (S. 43)
- ggf. Laminierfolie und Magnetstreifen
- Arbeitsblatt „Terme ausmultiplizieren" (S. 44)

Vorbereitung

Kopieren Sie die „Shake hands"-Figuren von S. 43 2-mal vergrößert. Schneiden Sie die Figuren aus und laminieren Sie diese ggf., sodass Sie sie mehrfach benutzen können. Kleben Sie auf die Rückseite einen kleinen Magnetstreifen, damit Sie die Figuren an der Tafel befestigen können. Kopieren Sie das Arbeitsblatt „Terme ausmultiplizieren" im Klassensatz.

Stundenverlauf

Einstieg

ca. 10 Minuten

Begrüßen Sie an diesem Tag jede*n Schüler*in per Handschlag. *„Heute begrüßen wir uns nicht so wie sonst. Ich gebe jedem und jeder von euch einmal die Hand. Bleibt bitte auf euren Plätzen, damit ich niemanden vergesse."* Besprechen Sie kurz, was die Schüler*innen beobachten konnten, und leiten Sie dann zu der Aufgabe weiter. *„Ihr habt gesehen, dass ich jedem und jeder einmal die Hand gegeben habe. Nun schauen wir uns das mal für eine kleinere Begrüßung genau an."*

Hängen Sie die Figuren entsprechend zur Aufgabe an die Tafel. Ergänzen Sie die fehlenden Rechenzeichen.
„Philipp trifft Lefke und Thilo. Er ist mit beiden befreundet und begrüßt die beiden. Wem gibt Philipp die Hand?"

Illustration: © Lioba Sernetz, Susanne El Faramawy

Warten Sie die Schülerantworten ab. *„Damit ich nicht so viel schreiben muss, kürze ich die Namen mit den Anfangsbuchstaben ab."*
Notieren Sie unter der Aufgabe p · (l + t). *„XY hat gerade gesagt, dass Philipp Lefke die Hand gibt und das Philipp Thilo die Hand gibt. Ich schreibe verkürzt auf: pl + pt."*

Notieren Sie nun folgende Aufgabe an der Tafel: 2p · (l + t).

„Ich benötige vier Freiwillige, die diese Aufgabe für uns alle spielen." Erklären Sie den ersten beiden Schüler*innen, dass beide Philipp heißen, der dritte Schüler heißt Lefke und der vierte heißt Thilo. *„Die beiden Philipps haben Lefke und Thilo noch nicht gesehen. Lefke und Thilo haben sich bereits begrüßt und kommen gemeinsam auf die beiden Philipps zugelaufen. Bitte begrüßt euch, die anderen beobachten."* Erfragen Sie, was die Lerngruppe beobachtet hat, und notieren Sie das Ergebnis (pl + pl + pt + pt = 2pl + 2pt) an der Tafel. Thematisieren Sie, dass die Begrüßung zwischen Philipp und Lefke sowie Philipp und Thilo jeweils 2-mal vorgekommen ist, da es zwei Philipps gibt. *„Ihr habt schon eine ganze Menge herausgefunden. Ihr werdet mit eurem Wissen nun weitere Aufgaben lösen und wann immer ihr ein Problem habt, stellt ihr euch die Aufgabe als Begrüßungsaufgabe vor."*

Arbeitsphase

ca. 30 Minuten

Teilen Sie das Arbeitsblatt „Terme ausmultiplizieren" aus. *„Löst Aufgabe 1 und 2 allein. Sobald ihr fertig seid, stellt ihr euch hin. Wenn zwei Schüler oder Schülerinnen stehen, gehen beide nach vorn und begrüßen sich, dann bearbeiten beide gemeinsam die weiteren Aufgaben. Ihr habt 28 Minuten Zeit."*

Sicherung

ca. 5 Minuten

Fordern Sie ein Team auf, die Regel zum Ausmultiplizieren zu nennen. Notieren Sie die Regel und die ausgedachte Sternchenaufgabe der Schüler*innen und lassen Sie diese vom Plenum lösen. Sollte das Team die Sternchenaufgabe nicht gelöst haben, dann fordern Sie ein anderes Team auf, die Aufgabe zu nennen. Geben Sie den Schüler*innen genug Zeit, sodass jede*r in Ruhe das Ergebnis im Heft notieren kann. Weisen Sie die Lerngruppe darauf hin, dass sie die eigene Regel auf Richtigkeit überprüfen sollen. Sollte noch Zeit übrig sein, können weitere Schüler*innen den Text zu ihrer Begrüßungsaufgabe vorlesen. Das Plenum kann dann die dazugehörige Aufgabe aufstellen.

Tipp
Leistungsschwache Schüler*innen können zu jeder Aufgabe die Figuren mit der passenden Körperhaltung (ausgestreckte Hand) malen. Hierzu können sie die Figuren zur besseren Unterscheidung entweder bunt anmalen oder mit den Buchstaben versehen.

Lösungen

Aufgabe 1

a) kb + kt
b) mz + mh
c) wi + wo
d) gf + gs

Aufgabe 2

a) 2wg + 2wr
b) 2uh + 2up
c) 3zq + 3 zm
d) 8gy + 4ga

Aufgabe 4

Zwei Terme werden multipliziert, indem man die Zahlen miteinander multipliziert. Die Variablen werden hintereinander geschrieben. Der Malpunkt darf weggelassen werden.

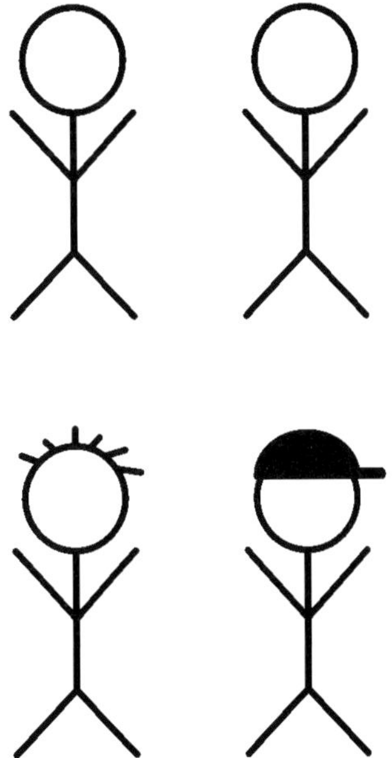

Illustration: © Lioba Sernetz, Susanne El Faramawy

Terme ausmultiplizieren

Aufgabe 1

Berechne. Denke an eine Begrüßung.

a) $k \cdot (b + t) =$ ....

b) $m \cdot (z + h) =$ ....

c) $w \cdot (i + o) =$ ....

d) $g \cdot (f + s) =$ ....

Aufgabe 2

Achtung! Jetzt kommen Zahlen ins Spiel. Erinnere dich an die gespielte Begrüßung deiner Mitschüler.

a) $2w \cdot (g + r) =$ ....

b) $2u \cdot (h + p) =$ ....

c) $3z \cdot (q + m) =$ ....

d) $4g \cdot (2y + a) =$ ....

Hast du alle Aufgaben gelöst, dann stelle dich hin und warte darauf, dass du einen Mitschüler oder eine Mitschülerin begrüßen kannst, der oder die ebenfalls fertig ist. Sucht euch nach der Begrüßung einen freien Platz im Klassenraum. Ihr arbeitet nun zusammen weiter.

Aufgabe 3

Vergleicht eure Lösungen miteinander. Besprecht Probleme. Verbessert Fehler.

Aufgabe 4

Notiert eine Regel zum Ausmultiplizieren von Termen. Zwei Terme werden multipliziert, indem

....

★ Notiert euch eine ausgedachte Aufgabe zum Thema Terme multiplizieren. Notiert die dazu passende Begrüßungsgeschichte in eurem Heft.

Illustration: © Lioba Sernetz, Susanne El Faramawy

  ISBN 978-3-8346-4334-6 | www.verlagruhr.de

Wer hat mehr Pizza gegessen?

Darum geht's

In dieser Unterrichtsstunde erarbeitet die Lerngruppe kooperativ die Regel für das Erweitern von Brüchen und beantwortet mit diesem Wissen eine zum Stundenbeginn erarbeitete Frage.

Kompetenzerwartungen

Die Schüler*innen ...

- notieren eine Regel zum Erweitern von Brüchen (Argumentieren/Kommunizieren).
- nutzen das Grundprinzip des Erweiterns von Brüchen als Verfeinerung der Einteilung (Arithmetik/Algebra).

Material

- Folienvorlage „Pizzastreit" (S. 47), OHP
- Arbeitsblatt „................................" (S. 48)

Vorbereitung

Stellen Sie sicher, dass die Lerngruppe über ausreichend Vorkenntnisse verfügt: Die Lerngruppe sollte Brüche benennen können, die Fachbegriffe für Zähler und Nenner richtig anwenden und gleichnamige Brüche miteinander vergleichen können. Kopieren Sie die Folienvorlage „Pizzastreit" auf Folie. Kopieren Sie das Arbeitsblatt „................................" mit noch unbekannter Überschrift im Klassensatz. Setzen Sie möglichst leistungsgleiche Schüler*innen nebeneinander und jeweils an einen Gruppentisch.

Stundenverlauf

Einstieg

ca. 5 Minuten

Legen Sie die Folienvorlage „Pizzastreit" auf den OHP und decken Sie das untere Drittel ab. Wählen Sie zwei freiwillige Schüler*innen aus, die den Comic vorlesen:

„Welche Frage bleibt nach diesem Gespräch offen?" Notieren Sie die von den Schüler*innen formulierte Frage an der Tafel, zum Beispiel: *„Wer hat mehr Pizza gegessen?"*

„Damit ihr diese Frage im Laufe der Stunde beantworten könnt, werdet ihr nun in Einzel-, Partner- und Gruppenarbeit verschiedene Aufgaben lösen und so eine Regel erarbeiten. Brüche dürfen nämlich nur verglichen werden, wenn sie (gleichnamig) sind." Lassen Sie das Wort in der Klammer weg und machen Sie an dieser Stelle eine kurze Pause oder fügen Sie ein Geräusch ein, damit das Wort zur Wiederholung von der Lerngruppe genannt werden kann.

Arbeitsphase I

ca. 20 Minuten

Teilen Sie das Arbeitsblatt „................................" aus. *„Schreibt auf die Linie des Arbeitsblattes die Frage, die ihr formuliert habt."* Verweisen Sie auf den Tafelanschrieb. Besprechen Sie das Arbeitsblatt mit der Lerngruppe. Weisen Sie darauf hin, dass nach jedem Sozialformwechsel die zuvor gelösten Aufgaben verglichen werden müssen. *„Aufgabe 1–4 löst ihr in Einzelarbeit, dann vergleicht ihr mit eurem Partner oder eurer Partnerin die Ergebnisse. Löst Aufgabe 5 und 6 in Partnerarbeit, dann vergleicht ihr mit der Gruppe die Ergebnisse. Mit der ganzen Gruppe ergänzt ihr dann die bereits vorformulierte Regel."*

Stehen Sie der Lerngruppe während der Arbeitsphase beratend zur Seite und fordern Sie die Nutzung von Fachbegriffen (Zähler, Nenner, Bruch, Bruchstrich, Faktor, Multiplikation, multiplizieren) ein. Notieren Sie zur Vorbereitung auf die Sicherung bereits den Anfang der vorformulierten Regel an der Tafel.

„Brüche werden erweitert, indem man ...".

Sicherung

ca. 10 Minuten

Besprechen Sie die erarbeitete Regel mit den Schüler*innen. Ergänzen Sie diese. „Brüche werden erweitert, indem man den Zähler und den Nenner mit dem gleichen Faktor multipliziert."

„Kontrolliert, ob ihr die Regel richtig notiert habt."

Hören Sie sich mehrere Beispiele der Schüler*innen an und ergänzen und korrigieren Sie diese, wenn nötig. Verweisen Sie nun auf die zu Beginn der Stunde formulierte Frage.

„Damit wir die Frage beantworten können, müssen wir die von euch erarbeitete Regel anwenden, da wir ja nur (gleichnamige) Brüche miteinander vergleichen können. Wer hat einen Vorschlag dazu, wie wir das machen können?"

Lassen Sie das Wort in der Klammer wieder weg, damit dieses zur Wiederholung von der Lerngruppe genannt werden kann.

Legen Sie erneut den Comic auf den OHP. Moderieren Sie die Schülerbeiträge. Achten Sie darauf, dass beide Brüche ($\frac{3}{4}$ und $\frac{5}{8}$), die im Comic vorkommen, genannt werden.

Notieren Sie beide Brüche an der Tafel und auch die Rechnung zur Erweiterung des Bruches. Fordern Sie die Lerngruppe auf, die Rechnung in ihre Hefte zu übernehmen und einen Antwortsatz zu formulieren. Dieser könnte lauten: Der Junge hat mehr Pizza gegessen, da er sechs Achtel gegessen hat. Das Mädchen hat nur fünf Achtel gegessen.

Arbeitsphase II

ca. 10 Minuten

Notieren Sie an der Tafel Übungsaufgaben für die Lerngruppe. Diese sollen von den Schüler*innen in Einzelarbeit gelöst werden.

Schreiben Sie die Lösungen zu den Aufgaben verdeckt an der Tafel auf.

Legen Sie Wert auf die richtige Notation in den Schülerheften. Verweisen Sie immer wieder auf die Beispielaufgabe an der Tafel.

Übungsaufgaben

Erweitere die Brüche mit den angegebenen Faktoren:

- $\frac{1}{5}$ mit 3, 6 und 8
- $\frac{1}{7}$ mit 2, 6 und 7
- $\frac{2}{9}$ mit 4, 5 und 9

Beenden Sie die Unterrichtsstunde mit einem kurzen Ausblick auf die nächste (s. Tipp).

> **Tipp**
> Thematisieren Sie in der Folgestunde das Kürzen (Vergröbern der Einteilung). Hierzu können Sie die Abbildungen vom Arbeitsblatt nutzen, indem Sie diese ausschneiden und umgedreht auf ein Blatt Papier kleben. Die Abfolge der Aufgaben können auch beim Kürzen genutzt werden, wobei sie sprachlich angepasst werden müssen. Ergänzen Sie bei Aufgabe 6, dass zwei Stücke mit Käse wieder zu einem zusammengeschmolzen werden.

Lösungen

1. $\frac{1}{4}$ $\frac{2}{8}$ $\frac{4}{16}$ $\frac{8}{32}$
2. ja
3. siehe 1.
4. =
5. überall · 2
6. multipliziert

Regel:
Brüche werden erweitert, indem man den Zähler und den Nenner mit dem gleichen Faktor multipliziert.

Lösungen zu den Übungsaufgaben:

$\frac{1}{5} = \frac{3}{15} = \frac{6}{30} = \frac{8}{40}$

$\frac{1}{7} = \frac{2}{14} = \frac{6}{42} = \frac{7}{49}$

$\frac{2}{9} = \frac{8}{36} = \frac{10}{45} = \frac{18}{81}$

Pizzastreit

Hallo, Mick! Hast du gestern auch noch Pizza gegessen?

Ja, ich habe sogar drei Viertel der Pizza gegessen.

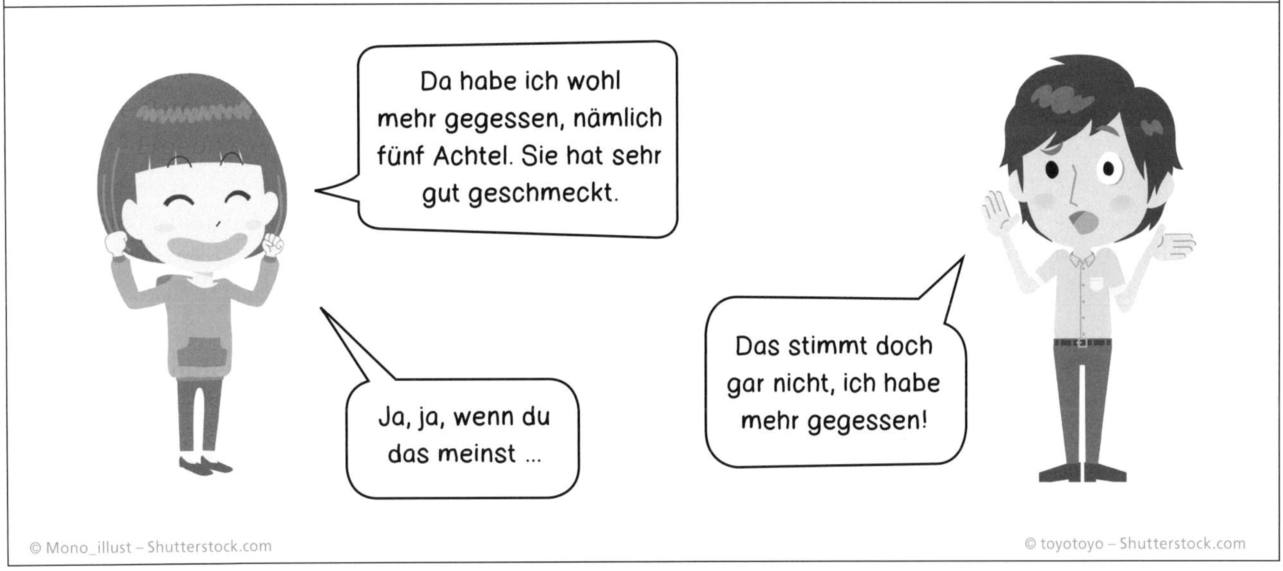

Da habe ich wohl mehr gegessen, nämlich fünf Achtel. Sie hat sehr gut geschmeckt.

Das stimmt doch gar nicht, ich habe mehr gegessen!

Ja, ja, wenn du das meinst ...

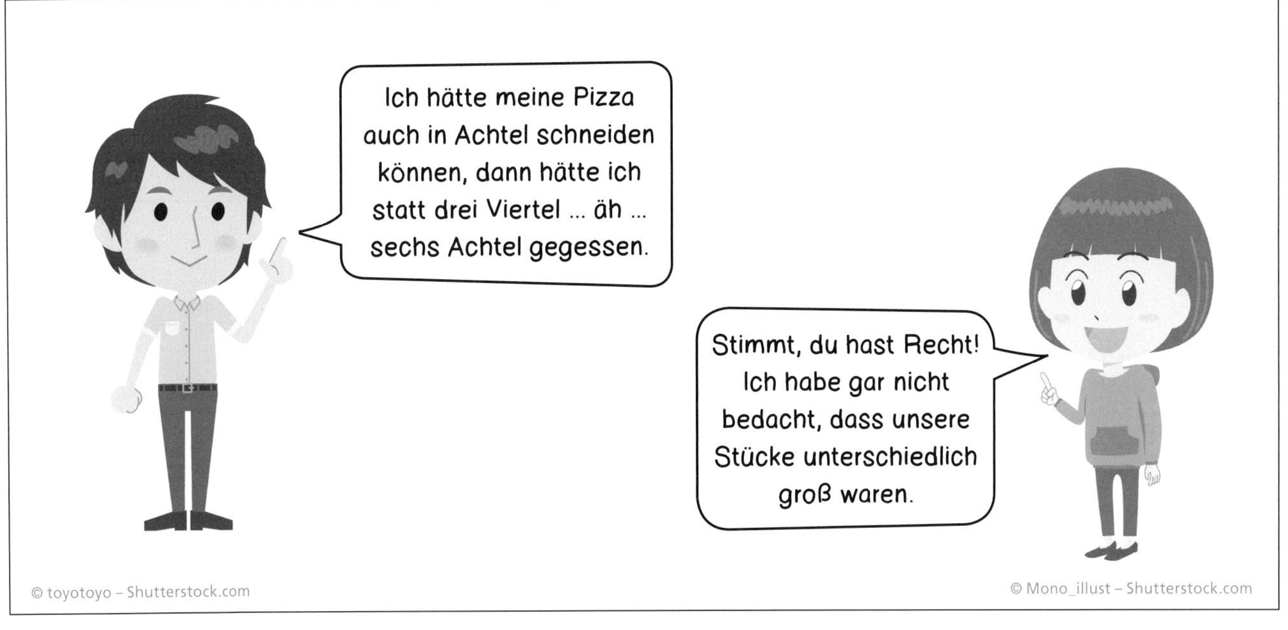

....

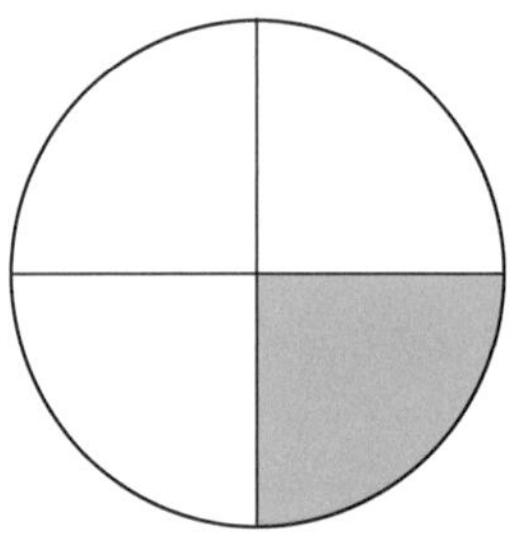

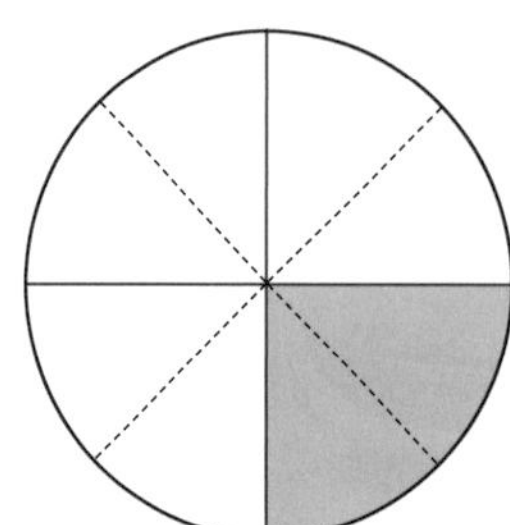

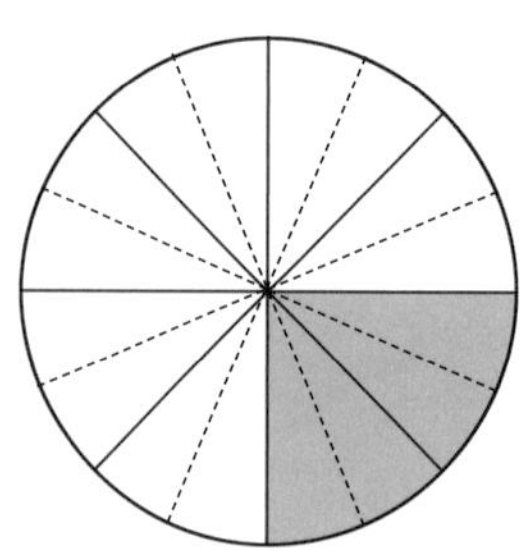

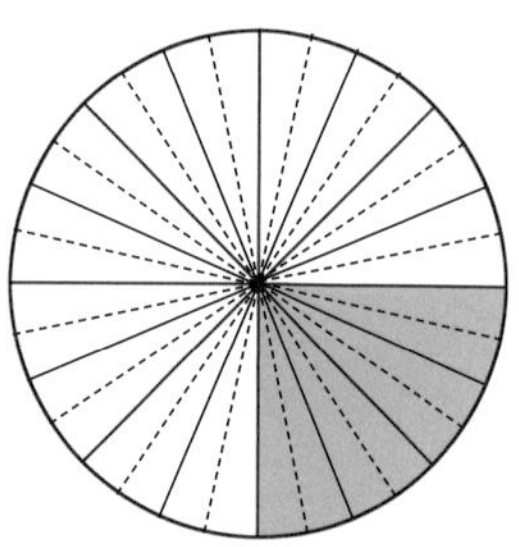

....

Aufgaben

1. Notiere in **Einzelarbeit** die Brüche der Pizzareste (gefärbte Fläche) unter den Pizzen.
2. Sind die Pizzareste auf allen Bildern gleich groß? Kreise ein. ➡ Ja / Nein
3. Trage die Brüche in den Kästchen ein.

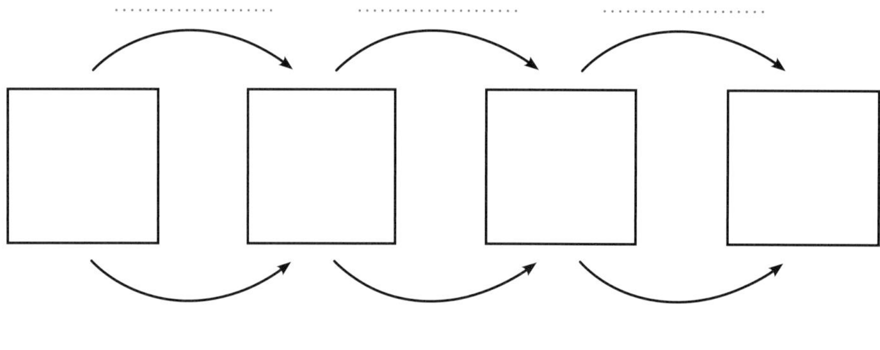

4. Welches mathematische Zeichen kannst du zwischen die Brüche (siehe Aufgabe 3) setzen? (Schau dir die Lösung von Aufgabe 2 an.)
5. Notiert in **Partnerarbeit** die Rechnung, die bei allen Brüchen angewandt wurde, für den Zähler und Nenner an den Pfeilen.
6. Die Pizzen wurden von Bild zu Bild immer kleiner geschnitten, wobei alle geschnittenen Stücke gleich groß sind. Die Menge der Pizzareste hast du in Brüchen angegeben. Hierbei ist aufgefallen, dass der Zähler und der Nenner

   mit demselben Faktor .... worden sind.
   Dieser Vorgang heißt Erweitern.

Regel

Brüche werden erweitert, indem man ....

....

  ISBN 978-3-8346-4334-6 | www.verlagruhr.de

Wie oft verlor Muhammad Ali?

Darum geht's

Im Mathematikunterricht entsteht manchmal der Eindruck, dass einige Schüler*innen zwar sofort die Zahlen aus Textaufgaben heraussuchen, jedoch dann nicht wissen, welche Rechenoperationen zur Lösung der Aufgaben und Beantwortung der Fragen eingesetzt werden müssen.
In dieser Unterrichtsstunde erhält die Lerngruppe kurze Texte zu zwei Sportlern, an die sich jeweils Fragen anschließen. Der Themenbereich Sport wirkt motivierend auf die Schüler*innen und bietet einen sinnhaften Kontext, in dem naheliegende Fragen durch genaues Lesen, logisches Denken und unter Einsatz der Grundrechenarten beantwortet werden können. Da die Texte mehr Informationen enthalten, als zum Beantworten der Fragen nötig sind, müssen die Schüler*innen diese verstehend lesen.

Kompetenzerwartungen

Die Schüler*innen ...

- setzen Mathematik zur Beantwortung von Fragen in außermathematischen Kontexten ein (Aufgaben und Ziele des Mathematikunterrichts).
- entnehmen mathematische Informationen aus Texten (Lesekompetenz).
- erläutern Lösungswege mit eigenen Worten und geeigneten Fachbegriffen (Argumentieren/Kommunizieren).
- arbeiten in Anwendungszusammenhängen sachgerecht mit Zahlen und Größen (Arithmetik/Algebra).

Material

- Materialblatt „Quizkarten: Sportliche Rekorde" (S. 51)
- Arbeitsblatt „Wie oft verlor Muhammad Ali?" (S. 52)
- 2 weiße DIN-A4-Blätter
- 2 Magnete

Vorbereitung

Kopieren Sie das Materialblatt „Quizkarten: Sportliche Rekorde" einmal und schneiden Sie die Quizkarten aus. Entscheiden Sie, ob die Lösungen zur Selbstkontrolle auf dem Arbeitsblatt „Wie oft verlor Muhammad Ali?" enthalten sein sollen, decken Sie sie ggf. ab und kopieren Sie das Arbeitsblatt in Klassenstärke. Falls Sie die Lösungen nicht mitkopieren, schreiben Sie auf die Vorderseite des einen weißen Blattes „a: links" und auf die Rückseite „März" sowie auf die Vorderseite des zweiten weißen Blattes „b: rechts" und auf dessen Rückseite „26 750 km". Diese hängen Sie im Verlauf der Stunde (Erarbeitung III) mit der Vorderseite nach vorn mit den Magneten an die Tafel.

Stundenverlauf

Einstieg

ca. 5 Minuten

„Heute dreht sich im Mathematikunterricht alles um Sportler. Zuerst stellt ihr in einem Quiz eure Kenntnisse zum Thema ‚Rekorde im Sport' unter Beweis. Dazu brauche ich eine Assistenzlehrkraft, die das kurze Quiz mit euch durchführt. Wer möchte das übernehmen und nach vorn kommen?"
Geben Sie Ihrer Assistenzlehrkraft die Quizkarten, lassen Sie sie die Fragen der Reihe nach stellen und selbst Schüler*innen auswählen, die die Antworten geben. Helfen Sie ggf. bei der Aussprache der Namen. Alternativ können Sie im Vorhinein vereinbaren, dass alle Schüler*innen per Handzeichen die Antwortmöglichkeit ihrer Wahl anzeigen.

Erarbeitung I und Sicherung I

ca. 6 Minuten

Leiten Sie die erste Erarbeitungsphase ein.
„Jetzt habt ihr bereits einige Sportler und ihre Leistungen kennengelernt und die richtigen Antworten im Quiz herausgefunden. Das Ziel dieser Stunde ist es, dass ihr Fragen zu den Leistungen von Sportlern mithilfe kurzer Texte beantworten könnt."

Lassen Sie die Kopien des Arbeitsblattes „Wie oft verlor Muhammad Ali?" verteilen.
„Jetzt werden wir zusammen einen Text über einen berühmten Sportler lesen, von dem ihr bestimmt schon einmal gehört habt."
Sind alle Kopien verteilt, lassen Sie eine*n oder abschnittsweise verschiedene Schüler*innen den Text über Muhammad Ali vorlesen. Stellen Sie im Anschluss einfache Fragen zum Textverständnis: Wie hieß Muhammad Ali bei seiner Geburt? Wann ist er geboren? Wie alt war er, als er mit dem Boxen begann? usw.

Erarbeitung II und Sicherung II

ca. 14 Minuten
Lassen Sie die erste der drei Fragen auf dem Arbeitsblatt vorlesen und sammeln Sie Ideen zur Lösungsfindung: *„Im Text steht leider nicht, wie viele Kämpfe Muhammad Ali verloren hat. Wie kann man es denn trotzdem herausfinden?"*
Lassen Sie, wenn nötig, die ersten beiden Absätze erneut vorlesen. Besprechen Sie ausführlich, wie anhand der Informationen im Text die Lösung berechnet werden kann.
Geben Sie der Lerngruppe Zeit, entsprechende Textstellen zu unterstreichen und die Rechnungen in ihre Hefte zu schreiben.
Leiten Sie zur Einzelarbeitsphase über.
„Ihr habt nun 6 Minuten Zeit, in Einzelarbeit Frage b und c zu beantworten. Findet dazu die benötigten Informationen im Text und berechnet die Lösungen."
Achten Sie bei der Besprechung der Lösungen darauf, dass die richtigen Textstellen und Rechnungen genannt werden.

Erarbeitung III

ca. 15 Minuten
Erklären Sie den Schüler*innen das Vorgehen zur Bearbeitung des zweiten Textes:
„Im zweiten Text geht es um einen jungen Sportler namens Julian. Auch zu Julian sollt ihr Fragen beantworten, jedoch diesmal nicht allein. Für den Rest der Stunde arbeiten alle mit ihrem Sitznachbarn oder ihrer Sitznachbarin. Lest euch zunächst jeder und jede für sich den zweiten Text durch. Diejenigen von euch, die links am Tisch sitzen, berechnen gleich die Lösung zu Frage a. Diejenigen, die rechts sitzen, berechnen die Lösung zu Frage b. Hast du die Lösung berechnet, kontrolliere dein Ergebnis mithilfe der Lösung an der Tafel."
Hängen Sie die beiden Lösungsblätter mit den Magneten an die Tafel, sodass die Vorderseiten mit „a: links" und „b: rechts" sichtbar sind.
„Erst wenn beide ihre Lösungen kontrolliert haben, stellt ihr euch gegenseitig eure Fragen und eure Lösungswege vor. Sollte jemand bereits seine Lösung kontrolliert haben, während sein Partner oder seine Partnerin noch rechnet, so kann er die Sternchenaufgabe lösen."
Fassen Sie den Ablauf der Arbeitsphase noch einmal an der Tafel zusammen:

- 1. EA: Text lesen
- 2. Links: Frage a, rechts: Frage b
- 3. Kontrolle!
- 4. PA

*„Wenn ihr bei der Kontrolle feststellt, dass euer Ergebnis falsch ist, rechnet noch einmal nach oder sprecht mich an.
Ihr habt insgesamt 12 Minuten Zeit."*

Sicherung III

ca. 5 Minuten
Lassen Sie, je nach verbleibender Zeit, zunächst den Text vorlesen bzw. direkt jeweils eine*n Schüler*in die Fragen zum Text vorlesen und seinen*ihren Lösungsweg darstellen.

Quizkarten: Sportliche Rekorde

2009 stellte Usain Bolt einen neuen Rekord im 100 m-Lauf auf.
Wie schnell ist er gelaufen?

a) 10,23 Sekunden
b) 9,58 Sekunden
c) 8,42 Sekunden

Lösung: b) 9,58 Sekunden

Marathonläufer brauchen eine gute Ausdauer, denn sie laufen eine Strecke von 42,125 km (das sind 42 125 Meter). 2018 stellte Eliud Kipchoge (Kenia) einen neuen Weltrekord auf.
Wie lange brauchte er für die Strecke?

a) 1 Stunde 1 Minute 39 Sekunden
b) 2 Stunden 1 Minute 39 Sekunden
c) 3 Stunden 1 Minute 39 Sekunden

Lösung: b) 2 Stunden 1 Minute 39 Sekunden

Beim Speerwurf wird ein Speer nach einem Anlauf möglichst weit geworfen. Jan Zelezny hält den Weltrekord.
Wie weit warf er 1996 den Speer?

a) 78,48 Meter
b) 88,48 Meter
c) 98,48 Meter

Lösung: c) 98,48 Meter

Beim Hochsprung springen Männer und Frauen ohne Hilfsmittel über eine Latte. Niemand ist bisher höher gesprungen als Javier Sotomayor im Jahr 1993. Wie hoch sprang er?

a) 2 Meter 45 Zentimeter
b) 3 Meter
c) 3 Meter 45 Zentimeter

Lösung: a) 2 Meter 45 Zentimeter

Wie oft verlor Muhammad Ali?

◎ Eine Boxlegende

Mit 12 Jahren begann er, zu boxen. Mit 18 Jahren stieg er das erste Mal als Profi in den Ring und mit 22 Jahren wurde er Weltmeister im Schwergewicht. Diesen Titel verteidigte er 9-mal.
Die Rede ist von Cassius Clay, auch bekannt als Muhammad Ali, geboren 1942 in den USA. Im Laufe seines Lebens stieg er 61-mal in den Ring, davon siegte er 56-mal.

Als Muhammad Ali mit 57 Jahren zum Sportler des Jahrhunderts im Bereich Kampfsport gewählt wurde, sagte er: „Ich war in vielen Meisterschaften, in vielen Kämpfen, aber nichts kommt heran an den heutigen Abend."
Er starb 2016 in den USA. Der Trauerzug durch seinen Geburtsort war 30 km lang. Zehntausende wollten Abschied nehmen von der Boxlegende, unter anderem der ehemalige US-Präsident Bill Clinton und Schauspieler Will Smith.

© monticello – Shutterstock.com

1. Beantworte die Fragen zu Muhammad Ali.
   a) Wie viele Kämpfe verlor Muhammad Ali?
   b) In welchem Jahr wurde er zum Sportler des Jahrhunderts im Bereich Kampfsport gewählt?
   c) Wie alt war er, als er starb?

◎ Einmal um die Welt segeln

Solange Julian denken kann, liebt er das Wasser. Mit fünf Jahren machte er sein Seepferdchen, mit elf Jahren hatte er auch die Schwimmabzeichen Bronze, Silber und Gold. Mit 14 Jahren war er alt genug für seinen ersten Segelschein.
Julian verbringt jede freie Minute auf Segelschiffen, denn er hat einen Traum: Er möchte an einer Hochseeregatta, einem Wettrennen der Segelboote auf dem Wasser, teilnehmen und mit seinem Team einmal um die Welt segeln. Mindestens 45 000 km muss er zurücklegen. Die längste Strecke ist sogar 71 750 km lang. „Dafür brauchen wir bestimmt 150 Tage!", überlegt Julian. „Wenn die Regatta wieder im Oktober beginnt und alles gut geht, schaffe ich es sogar, zu meinem Geburtstag wieder zu Hause zu sein."

© lunamarina – Shutterstock.com

2. Beantworte die Fragen zu Julian.
   a) In welchem Monat hat Julian Geburtstag?
   b) Wie viele Kilometer ist die lange Strecke länger als die kurze?

★ Nach seinem Seepferdchen hat Julian in regelmäßigen Abständen die Schwimmabzeichen Bronze, Silber und Gold gemacht. Wie groß waren die Abstände?

Lösungen:
1a) 61 - 56 = 5;
1b) 1942 + 57 = 1999;
1c) 2016 - 1942 = 74;
2a) Er glaubt, 5 Monate unterwegs zu sein und 5 Monate nach Oktober kommt der März.
2b) 71 750 - 45 000 = 26 750km
Sternchenaufgabe: 11 - 5 = 6; 6 : 3 = 2; mit 2 Jahren Abstand

 © Verlag an der Ruhr | Autorinnen: Lioba Sernetz & Susanne El Faramawy | ISBN 978-3-8346-4334-6 | www.verlagruhr.de

Wie oft wird im Schuljahr die Tafel geputzt?

Darum geht's

Oft spielen im Mathematikunterricht nur genaue Lösungen eine Rolle. In dieser Unterrichtsstunde steht jedoch das strukturierte Schätzen im Mittelpunkt. In Partnerarbeit sollen die Schüler*innen realistische Annahmen aufstellen, um Schritt für Schritt zu einer möglichst genauen Antwort auf die obige Frage zu kommen.

Kompetenzerwartungen

Die Schüler*innen …

- lernen gemeinsam mit anderen mathematisches Wissen zu entwickeln (soziale Kompetenz).
- arbeiten bei der Lösung von Problemen im Team (Argumentieren/Kommunizieren).
- sprechen über eigene Lösungswege (Argumentieren/Kommunizieren).
- nutzen intuitiv verschiedene Arten des Begründens: Plausibilitätsüberlegungen, Angeben von Beispielen (Argumentieren/ Kommunizieren).
- wählen in einfachen Problemsituationen mögliche mathematische Fragestellungen und nutzen elementare mathematische Regeln und Verfahren (Rechnen, Schließen) (Problemlösen).

Material

- Lösungsblatt „Wie oft wird im Schuljahr die Tafel geputzt?" (S. 55)

Vorbereitung

Kopieren Sie das Lösungsblatt „Wie oft wird im Schuljahr die Tafel geputzt?" einmal.

Stundenverlauf

Einstieg

ca. 4 Minuten

Begrüßen Sie die Lerngruppe. Zeigen Sie dann zur Tafel und fragen Sie, wie oft diese wohl im Schuljahr geputzt wird.

Nehmen Sie einige Wortmeldungen an und fragen Sie stets nach: *„Wie bist du darauf gekommen?"* Lassen Sie die Schüler*innen kurz ihre Schätzungen erklären. Gehen Sie über Antworten wie *„Einfach so"* oder Achselzucken in diesem Fall hinweg und verweisen Sie darauf, dass die Schüler*innen am Ende der Stunde andere Antworten geben würden.
Sollte es keine Wortmeldungen geben, gehen Sie zur zweiten Frage über:
„Meint ihr, dass irgendjemand auf diese Frage eine genaue Antwort geben kann?"
Lassen Sie die Lerngruppe kurz über die Fragestellung diskutieren. Geben Sie wenn nötig den Hinweis, dass es hierzu realistische und unrealistische Schätzungen, wie *„10-mal"* oder *„eine Milliarde Mal"*, gibt. Erklären Sie, dass es einen Bereich bzw. Rahmen für realistische Schätzungen gibt, und leiten Sie dann zur Erarbeitungsphase über: *„Am Ende der Stunde werdet ihr alle eine realistische Schätzung zu dieser Frage geben können."*

Erarbeitung I und Sicherung I

ca. 4 Minuten

Erläutern Sie das weitere Vorgehen:
„Heute geht es vor allem um euren Lösungsweg. Eine Zahl als Antwort ohne Erklärung bringt uns hierbei nicht weiter, denn ihr sollt nachher erklären können, wie ihr zu eurem Ergebnis kommt."
Nehmen Sie das Lösungsblatt zur Hand.
„Hier stehen sechs Fragen. Einige dieser Fragen sind hilfreich, andere bringen euch nicht weiter. Ich lese die Fragen nun einzeln vor und ihr zeigt mir mit dem Daumen an, ob ihr die Frage hilfreich findet oder nicht. Hilfreiche Frage – Daumen hoch, unnötige Frage – Daumen runter."
Lesen Sie die Fragen einzeln vor und warten Sie jeweils die Daumenabstimmung ab. Geben Sie ggf. Hinweise und bestätigen oder korrigieren Sie das Ergebnis des Stimmungsbildes.

Erarbeitung II

ca. 12 Minuten

Diktieren Sie im Anschluss die drei wichtigen Fragen oder schreiben Sie sie an die Tafel.
„Notiert euch nun die drei wichtigen Fragen und überlegt zunächst in Einzelarbeit:

1. *Wie viele Schultage gibt es im Schuljahr?*
2. *Wie viele Schulstunden werden ungefähr jeden Tag in diesem Raum unterrichtet?*
3. *Wie oft wird in einer Unterrichtsstunde die Tafel geputzt?*

Ihr habt dazu 10 Minuten Zeit."
Beenden Sie die Einzelarbeitsphase nach 10 Minuten mit einem akustischen Signal.

Tipp
Aufgrund der Schätzungen ergibt sich ein großer Rahmen möglicher Lösungen, der wie folgt verringert werden kann:
Um bei der Zählung der Schultage zu einem genaueren Ergebnis zu kommen, können Sie der Lerngruppe Kopien eines Schuljahres-Planes mit markierten freien Tagen geben.
Bei der Raumbelegung können Sie zum Beispiel vorgeben, dass der Raum jeden Tag 5 Stunden belegt ist.

Sicherung II und Erarbeitung III

ca. 15 Minuten

Leiten Sie die Partnerarbeitsphase ein:
„Vergleicht nun eure Schätzungen mit denen eures Sitznachbarn oder eurer Sitznachbarin. Erklärt euch gegenseitig, wie ihr auf eure Werte gekommen seid. Einigt euch auf gemeinsame Werte und findet zusammen heraus, wie oft im Schuljahr die Tafel geputzt wird. Ihr habt dazu 15 Minuten Zeit."
Beraten Sie in dieser Arbeitsphase und stehen Sie Schüler*innen bei Nachfragen zur Seite.
Lassen Sie Schüler*innen, die bereits eine Lösung ermittelt haben, üben, ihren Lösungsweg zu erklären.

Sicherung III

ca. 10 Minuten

Beenden Sie die Partnerarbeit nach 15 Minuten und fragen Sie zunächst nach den Antworten auf die drei Fragen. Haken Sie nach und lassen Sie die Schüler*innen erklären, wie sie zu ihren Annahmen kommen. Schreiben Sie ggf. verschiedene Werte an die Tafel.
Lassen Sie sich nun Gesamtergebnisse nennen und fragen Sie nach den Rechenwegen.
Vergleichen Sie die genannten Ergebnisse mit dem realistischen Rahmen (s. Lösungsblatt).
Fragen Sie je nach verbleibender Zeit auch Schüler*innen mit unrealistischen Schätzungen nach Details zur Lösungsfindung.
Notieren Sie ggf. eine Beispielrechnung an der Tafel.
Bevor Sie die Stunde beenden, weisen Sie noch einmal darauf hin, dass in dieser Stunde nicht eine Zahl gefunden werden sollte, sondern alle ihre Aufgabe gut gelöst haben, wenn sie realistische Annahmen gemacht haben und ihre Lösung plausibel erklären können.

Wie oft wird im Schuljahr die Tafel geputzt?

Hilfsfragen

a) Wie alt ist die Schule?
b) **Wie viele Schultage gibt es im Schuljahr?**
c) **Wie viele Schulstunden werden ungefähr jeden Tag in diesem Raum unterrichtet?**
d) Wie viele Räume gibt es in der Schule?
e) **Wie oft wird in einer Unterrichtsstunde die Tafel geputzt?**
f) Wie viele Tafellappen werden benutzt?

b) Wie viele Schultage gibt es im Schuljahr?

➡ Tage im Jahr: 365
➡ 12 Wochen Ferien im Jahr: 84 Tage frei
➡ Wochenenden außerhalb der Ferien: 40, also 80 weitere freie Tage
➡ Rechnung: 365 – 84 – 80 = **201**
➡ Eventuell weitere freie Tage wie Feiertage oder andere Tage, an denen kein Unterricht stattfindet, bedenken – also sind, um etwas Spielraum zu lassen, alle Lösungen im Rahmen von ca. 195 bis 205 Tagen denkbar.

c) Wie viele Schulstunden werden ungefähr jeden Tag in diesem Raum unterrichtet?

➡ Das ist abhängig vom Raumplan, ca. 4 bis 8 pro Tag
➡ Mittleren Wert wählen: alle Stunden in der Woche addieren und durch 5 teilen
➡ Alle Lösungen im Rahmen von ca. **4 bis 8** sind üblich (deutlich niedrigere oder höhere Lösungen sind im Einzelfall möglich).

e) Wie oft wird in einer Unterrichtsstunde die Tafel geputzt?

➡ Das ist abhängig von vielen Faktoren, wie dem Unterrichtsthema, dem Lehrer, der Ausstattung des Raumes und vielem mehr. Ein Rahmen von **1–3**-mal ist denkbar, kann aber auch verändert werden.

Zusammenfassung

An ca. **195–205** Tagen wird in ca. **4–8** Stunden jeweils **1–3**-mal die Tafel geputzt.

Rechnung 1: niedrige Zahlen
➡ 195 • 4 • 1 = 780

Rechnung 2: hohe Zahlen
➡ 205 • 8 • 3 = 4920

Rechnung 3: vorgegebene Raumbelegung von 5 Stunden pro Tag
➡ Untere Grenze: 195 • 5 • 1 = 975
➡ Obere Grenze: 205 • 5 • 3 = 3075

Der realistische Rahmen liegt ungefähr bei **780–4920-mal** Tafelputzen im Schuljahr in dem Raum.

Zahlendomino

Darum geht's

Unterschiedliche Schreibweisen und doch ist es der gleiche Wert: Dieses Phänomen wird in dieser Stunde mit einem Zahlendomino thematisiert. Die Lerngruppe festigt auf spielerische Art und Weise das Umwandeln der verschiedenen Schreibweisen (Dezimalzahl, Prozentzahl und Bruch) in Partnerarbeit.

Kompetenzerwartungen

Die Schüler*innen …

- deuten Dezimalzahlen und Prozentzahlen als andere Darstellungsform für Brüche (Arithmetik/Algebra).
- führen Umwandlungen zwischen Bruch, Dezimalzahl und Prozentzahl durch (Arithmetik/Algebra).

Material

- Materialblatt „Zahlendomino" (S. 58)
- 3 weiße DIN-A4-Blätter
- Scheren im Klassensatz
- Klebeband oder ca. 3–5 Magnete

Vorbereitung

Stellen Sie sicher, dass die Umwandlung zwischen Dezimalzahlen, Prozentzahlen und Brüchen für alle Schüler*innen bekannt ist. Kopieren Sie das Materialblatt „Zahlendomino" im halben Klassensatz plus drei zusätzliche Kopien. Fordern Sie die Lerngruppe im Vorfeld auf, Scheren mitzubringen, oder leihen Sie, wenn möglich, Scheren im Klassensatz aus dem Kunstraum aus. Notieren Sie auf drei weißen Blättern jeweils zwei Zahlen (50% und $\frac{70}{100}$, 0,7 und 40%, 0,4 und $\frac{1}{2}$) und trennen Sie die beiden Zahlen in der Mitte mit einem gut sichtbaren Strich voneinander, sodass Sie drei Dominosteine erhalten.

Stundenverlauf

Einstieg

ca. 5 Minuten

Hängen Sie die drei Dominosteine mit Klebeband oder Magneten an die Tafel und notieren Sie daneben die Frage: *Was passt zusammen?* Warten Sie einige Schülermeldungen ab. *„Lisa, komm nach vorn und hänge die Dominosteine passend nebeneinander."* Achten Sie darauf, dass nicht geschummelt wird und die Dominosteine nicht auf dem Kopf herum aneinandergereiht werden. Erwähnen Sie dies, da es für den weiteren Spielverlauf sehr wichtig ist. *„Ihr habt die verschiedenen Darstellungsformen wie Dezimalzahl, Prozentzahl und Bruch schon kennengelernt. Woran erkennt ihr die verschiedenen Darstellungsformen?"* Lassen Sie eine*n Schüler*in in eigenen Worten erklären. *„Heute festigt ihr euer Wissen mit einem Zahlendomino. Nur wer richtig zuordnet, erhält eine komplette Reihe."*

Vorbereitung

ca. 10 Minuten

Verteilen Sie jeweils ein Materialblatt „Zahlendomino" an ein 2er-Team. *„Ihr arbeitet mit eurem Sitznachbarn oder eurer Sitznachbarin zusammen. Bitte schneidet das Blatt zunächst in der Mitte durch, damit jeder und jede von euch die Hälfte der Dominosteine ausschneiden kann."* Warten Sie das Ausschneiden der Dominosteine ab, bevor Sie die Regeln erklären. Halten Sie während der Erklärung immer wieder inne, damit alle Teams auf dem gleichen Stand sind und zeitgleich mit dem Spielen beginnen können. Sie vermeiden so unnötige Unruhe während der Spielphase.
„Ich erkläre euch nun die Spielregeln. Dreht alle Dominosteine mit den Zahlen nach unten. (Pause) Mischt sie gut durch. (Pause) Jeder und jede von euch zieht fünf Dominosteine. Nehmt sie auf die Hand wie Karten oder legt sie offen vor euch. Stellt zum Beispiel euer Mäppchen als Sichtschutz davor. (Pause) Zieht nun einen Dominostein aus den verdeckten Steinen und legt diesen als Startstein offen vor euch auf den Tisch. (Pause) Das jüngere Teammitglied beginnt und überprüft, ob

er oder sie einen passenden Dominostein unter seinen oder ihren fünf Steinen hat. Ist dies der Fall, darf er oder sie ihn anlegen. (Pause) Ist dies nicht der Fall, muss er oder sie einen Dominostein aus den verdeckten Steinen ziehen. Dann ist das andere Teammitglied an der Reihe. Führt das Spiel so lange fort, bis ihr alle Dominosteine verbaut habt oder die Zeit abgelaufen ist. Das schnellste Team gewinnt. Weist euch gegenseitig auf falsch gelegte Steine hin, denn nur eine richtige Schlange kann gewinnen. Wer fertig ist, kommt zu mir."

Spielphase

ca. 20 Minuten

Stehen Sie den Schüler*innen während der Spielphase beratend zur Seite. Schreiben Sie schwachen Teams eine Zahl in allen drei Darstellungsformen als Beispiel auf: $\frac{70}{100}$ = 0,7 = 70%. Halten Sie die drei zusätzlichen Kopien des Zahlendominos bereit, damit die Schüler*innen diese als Lösungskarte verwenden können, sobald sie alle Dominosteine verbaut haben.

Sicherung

ca. 10 Minuten

Beenden Sie die Spielphase nach Ablauf der Zeit. Besprechen Sie den Verlauf der Schlange eines Teams, welches bereits verglichen hat. Lassen Sie dieses Team die überprüfte Zahlenschlange nennen, sodass alle anderen Teams vergleichen können. Besprechen Sie Tipps, die beim Spielen entstanden sind. *„Welche Tipps habt ihr euch gegenseitig gegeben? Habt ihr euch zum Beispiel immer auf eine Schreibweise geeinigt und alle Zahlen umgewandelt? Worauf solltet ihr achten?"*

Tipp

- Kopieren Sie das Materialblatt „Zahlendomino" auf festeres Papier, damit es länger hält.
- Laminieren Sie nach der Unterrichtsstunde ein oder zwei Zahlendominospiele, sodass diese in Vertretungsstunden oder in Freiarbeitsphasen erneut genutzt werden können.

Lösungen

Die Anordnung der Dominosteine auf dem Materialblatt entspricht der Reihenfolge, wie die Dominosteine angelegt werden müssen. Dabei ist der Startstein nicht ausschlaggebend, da die Anordnung der Steine ein in sich geschlossener Kreis ist.

Zahlendomino

$\frac{1}{100}$	0,3	30%	$\frac{1}{2}$	50%	0,25
$\frac{1}{4}$	0,8	80%	20%	$\frac{2}{10}$	$\frac{60}{100}$
60%	0,1	10%	0,78	78%	$\frac{23}{100}$
0,23	$\frac{1}{8}$	0,125	14%	$\frac{14}{100}$	$\frac{1}{3}$
33,3%	6%	$\frac{6}{100}$	0,4	40%	0,05
$\frac{5}{100}$	70%	0,7	$\frac{69}{100}$	69%	$\frac{90}{100}$
90%	0,85	85%	$\frac{12}{100}$	0,12	15%
$\frac{15}{100}$	0,99	99%	73%	0,73	$\frac{8}{100}$
0,08	2%	$\frac{2}{100}$	47%	0,47	28%
0,28	$\frac{66}{100}$	0,66	52%	0,52	1%

  | Autorinnen: Lioba Sernetz & Susanne El Faramawy | ISBN 978-3-8346-4334-6 | www.verlagruhr.de

Zugangscode entschlüsseln

Darum geht's

Das genaue Zeichnen von Winkeln ist in dieser Stunde notwendig, denn nur so können die Schüler*innen den gesuchten Zugangscode vom Safe des Juweliers herausfinden. Außerdem müssen sie Uhrzeiten von Zifferblättern ablesen, damit sie mit diesen weitere Rätsel lösen können.

Kompetenzerwartungen

Die Schüler*innen …

- nutzen das Geodreieck zum Messen und genauen Zeichnen (Werkzeuge).
- entnehmen analogen Zifferblättern digitale Uhrzeiten (Mathematik als Anwendung).
- führen Grundrechenarten (Addition und Subtraktion) mit natürlichen Zahlen und endlichen Dezimalzahlen durch (Arithmetik/Algebra).

Material

- Folienvorlage „Safeknacker versagen – mathematisches Rätsel schützt Juwelier" (S. 61), OHP
- Arbeitsblatt „Zugangscode entschlüsseln" (S. 62)
- ggf. ein paar Geodreiecke
- Überraschung (zum Beispiel Hausaufgabengutscheine oder Süßigkeiten)

Vorbereitung

Stellen Sie sicher, dass die Lerngruppe ausreichend Übung beim Zeichnen von Winkeln hat. Sie muss von spitzen bis überstumpfen Winkeln alles zeichnen können. Weisen Sie die Schüler*innen darauf hin, dass sie für die Stunde Geodreiecke benötigen, falls diese nicht grundsätzlich vorhanden sind. Ziehen Sie die Folienvorlage „Safeknacker versagen – mathematisches Rätsel schützt Juwelier" auf Folie. Kopieren Sie das Arbeitsblatt „Zugangscode entschlüsseln" im Klassensatz. Bereiten Sie die Überraschung für das schnellste Team vor.

Stundenverlauf

Einstieg

ca. 5 Minuten

Legen Sie die Folie „Safeknacker versagen – mathematisches Rätsel schützt Juwelier" auf den OHP. Fordern Sie eine*n Schüler*in auf, den Zeitungsartikel vorzulesen. Leiten Sie dann zur Arbeitsphase über. *„Die Einbrecher haben sich nicht so geschickt angestellt. Sie konnten das Rätsel von Herrn van Soest nicht lösen. Ihr habt nun die Chance, es besser zu machen. Mit dem richtigen Zugangscode erhält das schnellste Team eine Überraschung und eine Einladung zu einem Vorstellungsgespräch."*

Arbeitsphase

ca. 30 Minuten

Teilen Sie das Arbeitsblatt „Zugangscode entschlüsseln" aus. *„Aufgabe 1 und 2 löst ihr in Einzelarbeit. Vergleicht anschließend eure Uhrzeiten mit eurem Sitznachbarn oder eurer Sitznachbarin. Aufgabe 3 und 4 löst ihr in Partnerarbeit."*

Stehen Sie den Schüler*innen beratend zur Seite und achten Sie auf die richtige Nutzung des Geodreiecks. Kontrollieren Sie den Zugangscode des schnellsten Teams: 223083020. Das Team, welches als erstes den richtigen Zugangscode herausgefunden hat, bekommt die Überraschung, ggf. aber erst am Ende der Stunde, und wird nun zur „Hilfslehrkraft" und unterstützt die anderen Teams.

Sicherung

ca. 10 Minuten

Besprechen Sie kurz das Vorgehen beim Einzeichnen der Winkel. Thematisieren Sie vor allem die überstumpfen Winkel, da diese meist die größten Schwierigkeiten bereiten. *„Wie seid ihr beim Einzeichnen der Winkel vorgegangen? Patrick, erkläre dein Vorgehen bitte anhand von Uhr Nummer 5."* Besprechen Sie außerdem die weiteren Lösungen, wodurch sich der richtige Zugangscode ergibt.

Reflektieren Sie mit den Schüler*innen, welche Kompetenzen sie für die Lösung des Rätsels benötigt haben. *„Welche mathematischen Kenntnisse habt ihr für die Lösung des Rätsels verwendet?“* Moderieren Sie das Gespräch.

Tipp
Leistungsstarke Schüler*innen können nach dem Lösen des Zugangscodes ein eigenes Rätsel für Herrn van Soest als Anhang für die Bewerbung entwickeln.

Variante
Sie können diese Stunde als Einstieg in eine rätselhafte Unterrichtsreihe einsetzen. In der nachfolgenden Stunde entwickelt die Lerngruppe eigene Rätsel mit ausgearbeiteten Lösungen. Sobald alle Rätsel erstellt sind, können Sie, falls nötig, Arbeitsblätter im Klassensatz kopieren und die Rätsel an verschiedenen Arbeitsbereichen auslegen, sodass die Schüler*innen in einer Art Stationenlernen die Rätsel lösen können. Die vorherige Erstellung eines Laufzettels mit einem kurzen inhaltlichen Hinweis erleichtert die Entscheidungsfindung für die Schüler*innen. Der Laufzettel kann von leistungsstarken Schüler*innen erstellt werden, die ihr Rätsel schnell fertiggestellt haben.

Lösungen

Aufgabe 1
➡ *zeichnerische Lösung*
Wichtig: Die Winkel müssen vom großen Zeiger ausgehend im Uhrzeigersinn eingezeichnet werden.

Aufgabe 2
1) 15 Uhr
2) 5 Uhr
3) 1 Uhr
4) 9 Uhr
5) 23 Uhr
6) 20 Uhr
7) 8:30 Uhr
8) 18:30 Uhr
9) 22:30 Uhr
10) 12:30 Uhr
11) 15:30 Uhr
12) 5:30 Uhr

Aufgabe 3
1) 126,2
2) 28,6
3) 97,6
4) Zugangscode: 223083020

Safeknacker versagen – mathematisches Rätsel schützt Juwelier

QUALMENDE KÖPFE – EIN GEODREIECK FEHLTE

Mit dieser Vorstellung reicht es zu keiner Anstellung beim Juwelier Goldglanz. Der Ladenbesitzer Herr van Soest sucht händeringend neues Personal. Die Unbekannten haben vorgemacht, wie es nicht klappt.

Von Theo Heinrich
Kevelaer

In der Nacht von Samstag auf Sonntag versuchten Unbekannte vergeblich, den Safe des Juweliergeschäfts zu öffnen. Lediglich ein paar Schmuckstücke aus der Auslage haben die Einbrecher mitgenommen. Ihr Fokus lag jedoch ganz klar auf dem Inhalt des Safes, in dem viele Diamanten aufbewahrt werden. Herr van Soest, der Inhaber des Geschäfts, ist ein begeisterter Mathematiker und ändert jeden Tag den Zugangscode zum Safe. Diesen verschlüsselt er immer in mathematischen Rätseln. Seine Mitarbeiter, die morgens vor ihm im Laden sind, müssen vor Ladenöffnung täglich die neuen Rätsel lösen, nur so können sie die Schmuckstücke aus dem Safe in der Auslage platzieren.
Den Einbrechern fehlte nicht nur ein Geodreieck zum Lösen des Rätsels, sondern auch ausreichend mathematisches Verständnis. Auf der nächsten Seite ist das Rätsel abgedruckt – wenn Sie es lösen können, dann bewerben Sie sich gerne bei Herrn van Soest.

Zugangscode entschlüsseln

Aufgabe 1
Zeichne die Winkel, vom großen Zeiger ausgehend, im Uhrzeigersinn.

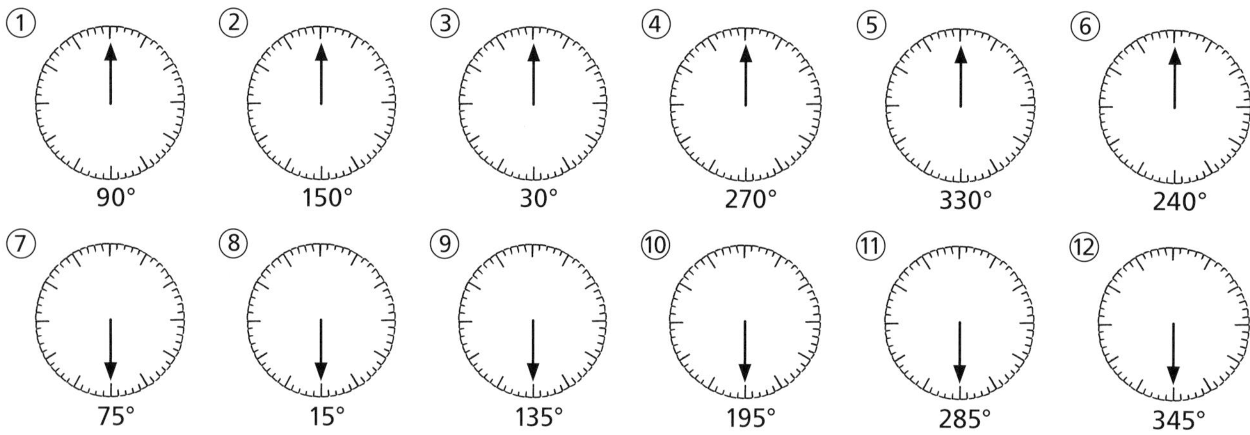

Aufgabe 2
Lies die Uhrzeiten auf den Zifferblättern ab und notiere sie hinter den Uhrnummern.
Hinweis: Der vorgegebene Schenkel ist der große Zeiger.
Achtung: Achte auf die Hinweise zur Tageszeit (morgens = 8 Uhr, abends: 20 Uhr), damit du die richtige Uhrzeit notierst.

1) nachmittags: .... **2)** morgens: .... **3)** nachts: ....

4) morgens: .... **5)** abends: .... **6)** abends: ....

7) morgens: .... **8)** abends: .... **9)** abends: ....

10) mittags: .... **11)** nachmittags: .... **12)** morgens: ....

Aufgabe 3

1. Addiere alle Zeitangaben zwischen 12 Uhr und 24 Uhr. Hinweis: 18.30 Uhr = 18,3

....

2. Addiere alle Zeitangaben zwischen 0 Uhr und 12 Uhr. Hinweis: 8.30 Uhr = 8,3

....

3. Subtrahiere das Ergebnis von Aufgabe 2 vom Ergebnis von Aufgabe 1. ....

Notiere das Ergebnis: .... , ...
(Uhrnummer) (Uhrnummer) (Uhrnummer)

4. Jede Ziffer deines Ergebnisses stellt eine Uhr aus Aufgabe 1 dar. Lies die jeweilige Uhrzeit ab und notiere alle so ermittelten Zeiten hintereinander.

Dies ergibt den Zugangscode für den Safe: ....

 © Verlag an der Ruhr | Autorinnen: Lioba Sernetz & Susanne El Faramawy | ISBN 978-3-8346-4334-6 | www.verlagruhr.de

Funktionen

Die unzuverlässige Klasse 7i

Darum geht's

Während Sie eine Kurzgeschichte über verspätete Jungen und Mädchen vorlesen, machen sich die Schüler*innen Notizen, die ihnen im Anschluss helfen, eine Wertetabelle zu vervollständigen. Mithilfe dieser Wertetabelle wird zum Abschluss der Funktionsbegriff erarbeitet.

Kompetenzerwartungen

Die Schüler*innen ...

- entnehmen mathematische Informationen aus vorgelesenen Texten (Hörverstehen).
- stellen funktionale Zusammenhänge in Tabellen dar und interpretieren sie situationsgerecht (Funktionen).

Material

- Arbeitsblatt „Die unzuverlässige Klasse 7i" (S.65)
- Infoblatt „Die unzuverlässige Klasse 7i – Lösungen" (S. 66)

Vorbereitung

Kopieren Sie das Arbeitsblatt „Die unzuverlässige Klasse 7i" im Klassensatz. Kopieren Sie das Infoblatt „Die unzuverlässige Klasse 7i – Lösungen" einmal für sich.

Stundenverlauf

Einstieg

ca. 7 Minuten

Begrüßen Sie die Klasse und stellen Sie bewusst die Anwesenheit der Schüler*innen fest. Erzählen Sie dann von der unzuverlässigen Klasse 7i und erklären Sie den folgenden Arbeitsauftrag. *„Ich werde euch gleich eine Kurzgeschichte über die unzuverlässige Klasse 7i vorlesen. Eure Aufgabe ist es, auf dem Arbeitsblatt, das ich zuvor verteile, zu notieren, um wie viel Uhr wie viele Schüler und Schülerinnen den Klassenraum betreten und welche Ausreden sie für ihre Verspätungen nennen."*

Erarbeitung I

ca. 10 Minuten

Verteilen Sie die Arbeitsblätter „Die unzuverlässige Klasse 7i" und sprechen Sie Aufgabe 1 kurz durch. Lesen Sie nun die Kurzgeschichte langsam vor, sodass die Schüler*innen sich Notizen machen können. Lassen Sie die Kurzgeschichte im Anschluss ggf. von einem*einer Schüler*in erneut vorlesen.

Sicherung I

ca. 6 Minuten

Gehen Sie die Uhrzeiten, Anzahl der verspäteten Schüler*innen und ihre Ausreden durch.

Erarbeitung II

ca. 7 Minuten

Lassen Sie Aufgabe 2 vorlesen und erläutern Sie den Arbeitsauftrag: *„Ihr habt nun 7 Minuten Zeit, die zweite Tabelle auszufüllen. Dazu tragt ihr zuerst die Uhrzeiten in die obere Zeile ein. Mithilfe der Anzahl der verspäteten Schüler*innen könnt ihr berechnen, wie viele Personen zu den Zeitpunkten im Klassenraum sind."*

Sicherung II

ca. 3 Minuten

Lassen Sie die Schüler*innen mit einer Meldekette die Ergebnisse nennen und überprüfen.

Erarbeitung III und Sicherung III

ca. 12 Minuten

Lassen Sie die Aufgaben 3a und 3b von einem*einer Schüler*in vorlesen und im Plenum beantworten. Lesen Sie mit den Schüler*innen die Information zum Funktionsbegriff und sammeln Sie weitere Beispiele aus dem Alltag, wie die Fahrtkosten im Taxi in Abhängigkeit von der zurückgelegten Entfernung oder ein Rechnungsbetrag in Abhängigkeit der Anzahl der gekauften Artikel.

Die unzuverlässige Klasse 7i

Aufgabe 1
Fülle während du zuhörst die leeren Zellen (Felder) der Tabelle aus.

Uhrzeit	Anzahl der Schülerinnen und Schüler, die verspätet kommen	Ausreden
9:00 Uhr		
9:45 Uhr		

Aufgabe 2
Notiere die Uhrzeiten aus Aufgabe 1 und berechne, wie viele Schülerinnen und Schüler zu den Zeitpunkten im Klassenzimmer waren.

Uhrzeit	9:00 Uhr					9:45 Uhr
Anzahl der Schülerinnen und Schüler im Klassenraum	16					

Aufgabe 3
Beantworte nun die folgenden Fragen:

a) Wie viele Schülerinnen und Schüler sind um 9:20 Uhr im Klassenzimmer?

b) Wieso gibt es nur eine richtige Lösung zu der Frage in Aufgabe 3a)? Erkläre anhand der Situation.

Information
Wenn, wie in der oberen Aufgabe, zu jeder Ausgangsgröße (hier: zu jeder Uhrzeit) nur genau eine Zahl oder Größe (hier: Anzahl der Schülerinnen und Schüler im Klassenraum) zugeordnet ist, spricht man von einer **Funktion**. Eine **Tabelle**, in der diese Wertepaare dargestellt sind, nennt man Wertetabelle. In Aufgabe 2 siehst du die **Wertetabelle**, die jeder Uhrzeit genau eine bestimmte Anzahl an Schülerinnen und Schüler und zuordnet.

Die unzuverlässige Klasse 7i – Lösungen

Als Frau Wacker am Montagmorgen zur zweiten Stunde den Klassenraum betritt, sind erst **16 Schülerinnen und Schüler** an ihren Plätzen. „Na sowas, wo sind denn alle? Es ist doch schon **9 Uhr!**" Frau Wacker begrüßt die Schülerinnen und Schüler, die da sind, fragt die Hausaufgaben ab und möchte gerade ins neue Thema einsteigen, da klopft es, die Tür geht auf und **vier Schülerinnen** betreten den Klassenraum. „Entschuldigung, **die Bahn ist ausgefallen**", sagt Emily. Frau Wacker runzelt die Stirn und trägt die **5-Minuten-Verspätungen** ins Klassenbuch ein. **10 Minuten später** klopft es an der Tür und die **beiden Klassensprecherinnen** kommen in den Unterricht. **„Wir mussten was klären"**, erklärt Marie und die beiden setzen sich. „Aber nicht während des Matheunterrichts!" Frau Wacker wird sauer und trägt die Verspätungen ein. Kaum widmet sie sich wieder der Tafel, klopft es erneut und **fünf Schüler** kommen zu spät. **„Verschlafen"**, nuschelt Anton und alle setzen sich. „Alle?" Frau Wacker ist skeptisch und trägt die Verspätungen – inzwischen ist es **9:25 Uhr** – ins Klassenbuch ein. Nun kann Frau Wacker unterrichten, doch es dauert nicht lange, da wird sie erneut vom Klopfen unterbrochen. Sie schaut auf die Uhr. „Wer kommt denn jetzt erst? Mit **40 Minuten Verspätung**?" Sie öffnet die Tür und blickt in drei schuldbewusste Gesichter. **„Die Drillinge!"**, sagt Frau Wacker und Patrick entschuldigt sich: **„Das Auto unserer Mutter ist nicht angesprungen!"** Frau Wacker trägt die Verspätungen ein. Pünktlich zum Ende der **45-minütigen Mathestunde** stehen die letzten **zwei Schüler** vor der Tür. Frau Wacker seufzt. „So eine unzuverlässige Klasse 7i!"

Aufgaben der Schülerinnen und Schüler:

1. Fülle während du zuhörst die leeren Zellen (Felder) der Tabelle aus. (*Lösungen: siehe unten*)
2. Notiere die Uhrzeiten aus Aufgabe 1 und berechne, wie viele Schüler*innen zu den Zeitpunkten im Klassenzimmer waren. (*Lösungen: siehe unten*)
3. Beantworte nun die folgenden Fragen:
   a) Wie viele Schüler*innen sind um 9:20 Uhr im Klassenzimmer? (*Lösung: 22*)
   b) Wieso gibt es nur eine richtige Lösung zu der Frage in Aufgabe 3a)? Erkläre anhand der Situation. (*Lösung: Seit 9:15 Uhr sind 22 Schüler*innen im Klassenzimmer, niemand ist hereingekommen oder herausgegangen.*)

Lösungen zu Aufgabe 1 und 2

	Aufgabe 1		**Aufgabe 2**
Uhrzeit	Anzahl der Schüler*innen, die verspätet kommen	Ausreden	Anzahl der Schüler, im Klassenraum
9:00 Uhr	———	———	16
9:05 Uhr	4	Bahn ausgefallen	20
9:15 Uhr	2	mussten „etwas klären"	22
9:25 Uhr	5	haben verschlafen	27
9:40 Uhr	3	Auto der Mutter ist nicht angesprungen	30
9:45 Uhr	2	———	32

Information

Wenn, wie in der oberen Aufgabe, zu jeder Ausgangsgröße (hier: zu jeder Uhrzeit) nur genau eine Zahl oder Größe (hier: Anzahl der Schüler*innen im Klassenraum) zugeordnet ist, spricht man von einer **Funktion**. Eine **Tabelle**, in der diese Wertepaare dargestellt sind, nennt man Wertetabelle. In Aufgabe 2 siehst du die **Wertetabelle**, die jeder Uhrzeit genau eine bestimmte Anzahl an Schülerinnen und Schülern zuordnet.

Die unzuverlässige Klasse 7j

Darum geht's

In dieser Unterrichtsstunde, die sowohl eigenständig als auch im Anschluss an die Stunde „Die unzuverlässige Klasse 7i" (S. 64) durchgeführt werden kann, liest die Lerngruppe zunächst Werte aus einem Funktionsgraphen ab und notiert diese in einer Wertetabelle. Anschließend ergänzt sie eine weitere Wertetabelle, zeichnet den dazugehörigen Funktionsgraphen und kontrolliert sich in Partnerarbeit. Als didaktische Reserve oder als Hausaufgabe können die Schüler*innen eine Kurzgeschichte zum Thema Verspätungen mit ihren eigenen Wertepaaren schreiben.

Kompetenzerwartungen

Die Schüler*innen …

- stellen funktionale Zusammenhänge als Graphen und in Wertetabellen dar und interpretieren sie situationsgerecht (Funktionen).
- verwenden Lineal und Geodreieck zum genauen Zeichnen (Werkzeuge).
- setzen Begriffe (Wertetabelle und Graph) miteinander in Beziehung (Argumentieren/Kommunizieren).

Material

- Arbeitsblatt/Folienvorlage „Die unzuverlässige Klasse 7j" (S. 69), OHP
- Grundausstattung der Schüler*innen: Geodreieck, Bleistift

Vorbereitung

Kopieren Sie das Arbeitsblatt/die Folienvorlage „Die unzuverlässige Klasse 7j" im Klassensatz und ziehen Sie es einmal auf Folie. Weisen Sie die Lerngruppe im Vorfeld darauf hin, dass Geodreiecke benötigt werden.

Stundenverlauf

Einstieg

ca. 5 Minuten

Begrüßen Sie die Klasse und stellen Sie die Anwesenheit der Schüler*innen fest. Erzählen Sie dann von der unzuverlässigen Klasse 7j. *„Schön, dass ihr alle da seid. Die Schüler und Schülerinnen der Klasse 7j haben noch nicht verstanden, dass sie pünktlich zum Unterricht kommen müssen. Ihre Lehrerin hat am letzten Montag aufgezeichnet, wie viele von ihnen zu welchem Zeitpunkt im Klassenraum waren."*

Erarbeitung I

ca. 10 Minuten

Legen Sie die Folie so auf, dass lediglich das Koordinatensystem zu sehen ist, und gehen Sie die ersten Wertepaare mit der Lerngruppe durch, indem Sie nachfragen: *„Wie viele Schüler und Schülerinnen waren zu Beginn der Stunde um 9 Uhr im Klassenraum? Wo kannst du das ablesen?"* Lassen Sie Schüler*innen auf der Folie zeigen, wie die richtigen Werte abgelesen werden können. Decken Sie Aufgabe 1 und die erste Wertetabelle auf und lassen Sie die Aufgabe vorlesen. Zeigen Sie dann auf das Koordinatensystem. *„Eure Aufgabe ist es, die fehlenden Werte aus dem Graph abzulesen und in der Wertetabelle zu notieren. Dafür habt ihr 6 Minuten Zeit."*

Sicherung I

ca. 3 Minuten

Lassen Sie die Schüler*innen die Ergebnisse nennen und überprüfen. Dazu können sie sich mit einer Meldekette gegenseitig drannehmen.

Erarbeitung II

ca. 15 Minuten

Lassen Sie Aufgabe 2 vorlesen und sprechen Sie den Arbeitsauftrag noch einmal durch. Markieren Sie in leistungsschwachen Klassen auf Folie die obere Zeile der Wertetabelle aus Aufgabe 1.

Zeigen Sie auf Folie an dem Graph, wie die Achsen eingeteilt werden sollen.
Erinnern Sie daran, dass mit Bleistift und Lineal/Geodreieck gezeichnet wird.
Kontrollieren Sie beim Herumgehen einzelne Übertragungen von den eigenen Wertetabellen zum Funktionsgraph.

Sicherung II

ca. 12 Minuten
Lassen Sie Schüler*innen, die sowohl ihre Wertetabelle als auch ihren Funktionsgraphen gezeichnet haben, sich gegenseitig kontrollieren. Dazu können Sie folgende Checkliste an die Tafel schreiben:

PA: Überprüft gegenseitig
- *Wertetabelle ordentlich?*
- *An alle Uhrzeiten gedacht?*
- *Koordinatensystem ordentlich?*
- *y-Achse/Hochachse: 1 Kästchen je Schüler?*
- *x-Achse/Rechtsachse: 1 cm je 5 Minuten?*
- *Vergleicht 3 Werte aus der Wertetabelle mit dem Funktionsgraphen.*

Kontrollieren Sie bei leistungsschwachen Teams einzelne Werte selbst. Achten Sie beim Herumgehen darauf, dass die einzelnen Funktionsabschnitte nicht verbunden sind, da nur ganzzahlige Werte Sinn ergeben. Sonst wären z. B. um 9:22 Uhr und 30 Sekunden 20,5 Schüler*innen anwesend.

Didaktische Reserve/Hausaufgabe
Als didaktische Reserve oder als Hausaufgabe können die Schüler*innen eine Kurzgeschichte zum Thema Verspätungen mit ihren eigenen Wertepaaren schreiben.
Diese Aufgabe steht als Zusatzaufgabe mit auf dem in dieser Stunde bearbeiteten Arbeitsblatt.

Lösungen

Arbeitsblatt „Die unzuverlässige Klasse 7j"

Uhrzeit	Anzahl der Schüler*innen im Klassenraum
9:00 Uhr	8
9:05 Uhr	15
9:10 Uhr	17
9:15 Uhr	17
9:20 Uhr	20
9:25 Uhr	21
9:30 Uhr	23
9:35 Uhr	23
9:40 Uhr	24
9:45 Uhr	25

Die unzuverlässige Klasse 7j

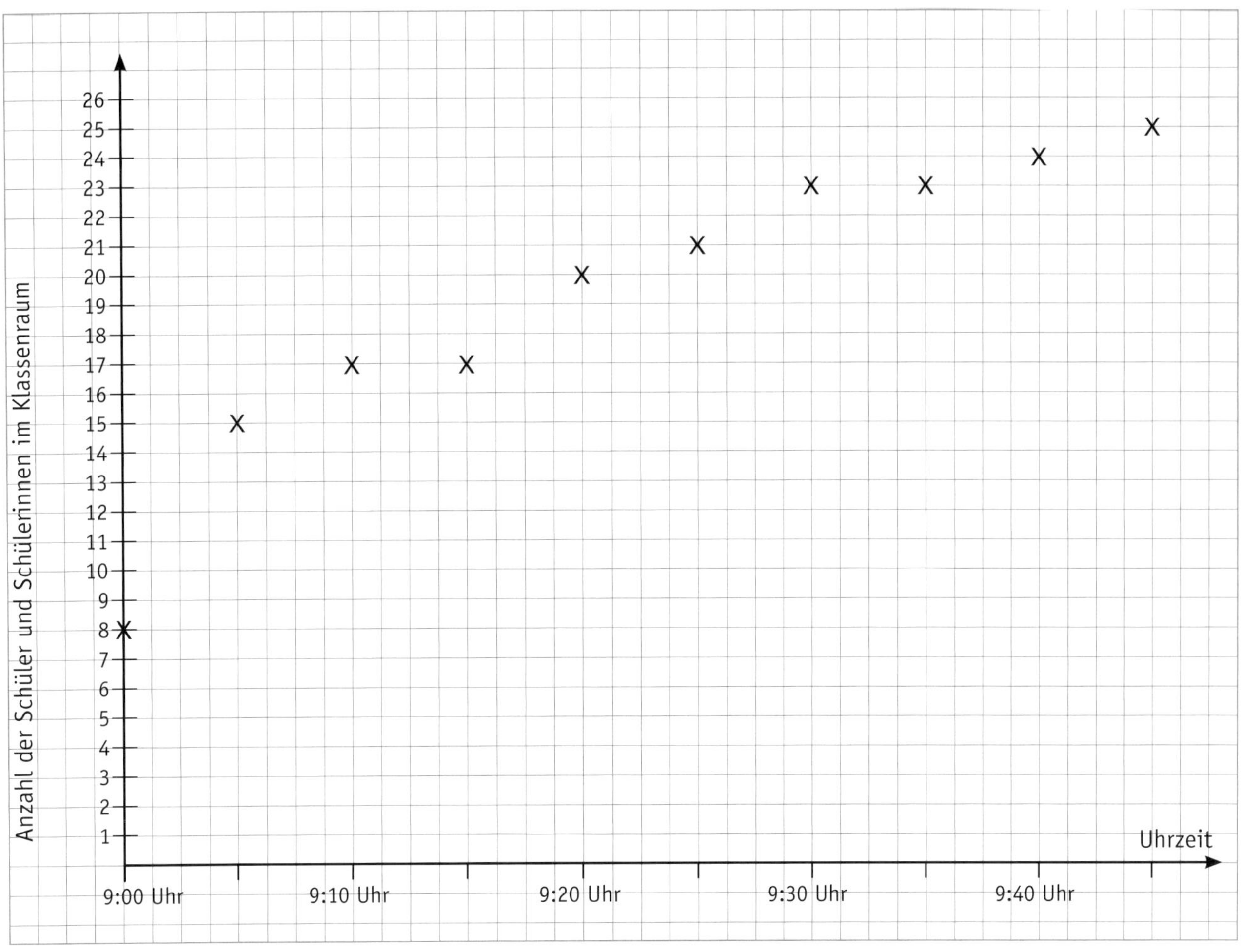

Aufgabe 1

Lies ab, wie viele Schüler und Schülerinnen zu den angegebenen Uhrzeiten im Klassenzimmer sind, und notiere die abgelesenen Werte in der **Wertetabelle.**

Uhrzeit	9:00	9:05	9:10	9:15	9:20	9:25	9:30	9:35	9:40	9:45
Anzahl der Schüler und Schülerinnen im Klassenraum										

Aufgabe 2

a) Zeichne eine eigene **Wertetabelle** in dein Heft. Übernimm die obere Zeile (Uhrzeit) der Wertetabelle aus Aufgabe 1, denke dir jedoch andere Werte für die Anzahl der Schüler und Schülerinnen im Klassenraum aus.

b) Zeichne ein eigenes **Koordinatensystem** in dein Heft (y-Achse/Hochachse: 1 Kästchen je Person; x-Achse/Rechtsachse: 1 cm je 5 Minuten). Trage dann deine Werte aus Aufgabe 2 in dein Koordinatensystem ein. Orientiere dich dabei an dem Graph aus Aufgabe 1.

✶ Überlege dir eine Kurzgeschichte zu deinen Wertepaaren (Uhrzeit/Anzahl der Schüler und Schülerinnen im Klassenraum). Denke dabei an gute Ausreden, warum so viele Schüler und Schülerinnen zu spät gekommen sind.

Hund Lio ist krank

Darum geht's

Hund Lio ist krank und hat Fieber, daher haben die vier Kinder der Familie Streit in den letzten acht Stunden seine Temperatur gemessen und in Wertetabellen und Fieberkurven visualisiert.
In dieser Unterrichtsstunde diskutieren die Schüler*innen in kooperativer Lernform, welche Darstellung mit zur Tierärztin genommen werden soll. Dabei benennen sie Vor- und Nachteile von Wertetabelle und Graph und entdecken Fehler in zwei der vier Darstellungen.

Kompetenzerwartungen

Die Schüler*innen ...

- interpretieren funktionale Zusammenhänge in Graphen und Wertetabellen situationsgerecht (Funktionen).
- setzen Begriffe (Wertetabelle und Graph) miteinander in Beziehung (Argumentieren/ Kommunizieren).
- entnehmen mathematische Informationen aus Tabellen und Graphen (Lesekompetenz).
- nutzen verschiedene Arten des Begründens und Überprüfens (Argumentieren/ Kommunizieren).

Material

- Folienvorlage/Materialblatt „Hund Lio ist krank" (S. 72), OHP

Vorbereitung

Kopieren Sie die Folienvorlage/das Materialblatt „Hund Lio ist krank" im viertel Klassensatz (zum Beispiel 8 Kopien für 32 Schüler*innen) und zudem einmal auf Folie. Schreiben Sie auf die erste Kopie neben die Buchstaben jeweils die Ziffer 1 (A1, B1, C1, D1), auf die zweite Kopie die Ziffer 2 (A2, B2, C2, D2) usw., sodass sich 4er-Gruppen ergeben. Machen Sie sich ggf. Gedanken über die Zusammensetzung der 4er-Gruppen und notieren Sie die Namen der Schüler*innen neben den Buchstaben-Zahlen-Kombinationen. Schneiden Sie die vier Darstellungen an den gestrichelten Linien auseinander.

Stundenverlauf

Einstieg

ca. 10 Minuten

Berichten Sie von dem kranken Hund Lio. *„Eine Bekannte von mir hat einen kleinen, süßen Terrier-Mischling namens Lio. Seit gestern ist Lio krank und hat sogar Fieber bekommen. Deshalb ist meine Bekannte gestern nach der Arbeit noch schnell zur Tierärztin gefahren. Um der Tierärztin genau sagen zu können, wie es Lio in den letzten Stunden ergangen ist, haben die vier Kinder der Familie jede Stunde Lios Temperatur gemessen und die Werte auf verschiedene Weise notiert."*

Schreiben Sie die kurze Übersicht zu der Körpertemperatur des Hundes an die Tafel:

38 °C bis unter 39 °C ➡ *normale Temperatur*
39 °C bis unter 40 °C ➡ *erhöhte Temperatur*
ab 40 °C ➡ *Fieber*
ab 41 °C ➡ *hohes Fieber*

Gehen Sie die Temperaturen durch und ergänzen Sie: *„Wenn ein Hund nach dem Spielen oder Herumrennen kurze Zeit eine erhöhte Temperatur hat, ist das in Ordnung. Wenn ein Hund lange hohes Fieber hat, besteht Lebensgefahr."*
Setzen Sie die Erzählung fort. *„Nachdem die Kinder über einen Zeitraum von acht Stunden regelmäßig Lios Temperatur gemessen und notiert hatten, kam meine Bekannte nach Hause, sah sich die vier Notizen an und ist dann schnell mit Hund und Kindern zur Tierärztin gefahren. Eine der vier Übersichten hat sie mitgenommen."*
Leiten Sie zur Erarbeitungsphase über. *„Jeder und jede von euch bekommt gleich eine der Notizen der Kinder. Ihr sollt zunächst in Einzelarbeit überlegen, ob diese Art der Darstellung sinnvoll ist, d. h. ob ihr schnell ablesen könnt, wie es Lio geht. Überprüft auch, ob sich Fehler eingeschlichen haben. Dazu habt ihr 5 Minuten Zeit. Anschließend arbeitet ihr mit eurem Partner oder eurer Partnerin zusammen. Euer Teammitglied hat die gleiche Zahl wie ihr: A1 findet B1, C1 findet D1, A2 findet B2 usw. Tauscht eure Gedanken zu den zwei verschiedenen Darstellungsformen aus. Besprecht die Vor- und Nachteile der Darstellungsformen und sucht auch nach Fehlern. Dafür habt ihr 8 Minuten Zeit. Anschließend*

trefft ihr euch zu viert: A1 bis D1, A2 bis D2 usw. Besprecht als Gruppe, welche Darstellung für die Tierärztin am hilfreichsten ist und welche fehlerhaft sind. Einigt euch auf eine Darstellung, die ihr mit zur Tierärztin nehmen würdet. Notiert auch Gründe, warum ihr euch für diese entscheiden würdet. Dazu habt ihr 12 Minuten Zeit."
Verteilen Sie die auseinander geschnittenen Materialblätter. Fassen Sie den Ablauf der Erarbeitungsphase kurz an der Tafel zusammen.

Think – 5 min		*Ich – 5 min*
Pair – 8 min	*oder* ➡	*Du – 8 min*
Share – 12 min		*Wir – 12 min*

Erarbeitung

ca. 25 Minuten
Stehen Sie den Schüler*innen in der Erarbeitungsphase beratend zur Seite. Erinnern Sie nach 5 bzw. nach 13 Minuten daran, von der Einzelarbeits- in die Partnerarbeitsphase bzw. von der Partnerarbeitsphase in die Gruppenarbeitsphase überzugehen.

Sicherung

ca. 10 Minuten
Legen Sie die Folie mit den vier Darstellungen A–D auf. Lassen Sie die Gruppen per Handzeichen abstimmen, welche Darstellung für die Tierärztin am hilfreichsten ist. Zeigen Sie dazu der Reihe nach auf die Darstellungen. Fragen Sie gezielt nach Vorteilen der Darstellung, zu der sich die meisten Schüler*innen gemeldet haben. Fragen Sie nach Fehlern in den Aufzeichnungen. Diskutieren Sie die Vor- und Nachteile der Darstellung als Wertetabelle und als Graph.
Beenden Sie den Unterricht mit dem Ende von Lios Geschichte. *„Zum Glück konnte die Tierärztin mithilfe der Wertetabelle/des Graphen schnell erkennen, dass Lios Fieber anstieg, und ihn entsprechend behandeln. Er bekommt nun Medikamente und heute geht es ihm schon viel besser."*

Lösungen

Folienvorlage/Materialblatt „Hund Lio ist krank"

A: Fehlerhafte Wertetabelle
Die Zuordnung Uhrzeit ➡ Temperatur ist nicht eindeutig, da zu jeder Uhrzeit zwei Werte notiert sind.

B: Graph (Fieberkurve)
Vorteil: Die Entwicklung der Körpertemperatur ist schnell zu sehen, die Werte steigen stetig.
Nachteil: Die genauen Werte müssen erst noch abgelesen werden, da sie nicht als Zahlen vorliegen.

C: Fehlerhafter Graph (Fieberkurve)
Die Zuordnung Uhrzeit ➡ Temperatur ist nicht eindeutig, da der Graph abschnittsweise jeder Uhrzeit zwei Temperaturen zuordnet.

D: Wertetabelle
Vorteil: Die genauen Werte können direkt abgelesen werden.
Nachteil: Die Entwicklung der Körpertemperatur ist nicht auf den ersten Blick zu sehen, die einzelnen Werte müssen gelesen werden, um festzustellen, dass ein Anstieg vorliegt.

Die Darstellungen B und D sind beide sinnvoll. Der Graph erleichtert es, den Verlauf der Fieberkurve schnell zu erfassen, die Wertetabelle liefert auf den ersten Blick die exakten Temperaturen. Beide Antworten sind daher, gut begründet, richtig.

Hund Lio ist krank

A

Uhrzeit	Temperatur
8 Uhr	38/38,5 °C
9 Uhr	39/39 °C
10 Uhr	39,5/39 °C
11 Uhr	39,5/40 °C
12 Uhr	40,5/40 °C
13 Uhr	39,5/40 °C
14 Uhr	38,5/40,5 °C
15 Uhr	39/40,5 °C

Think – Pair – Share

Schreibe deine Notizen in dein Heft.

- ➡ Ist die Darstellung sinnvoll?
- ➡ Ist die Darstellung richtig?
- ➡ Welche Vorteile/Nachteile hat sie?

B

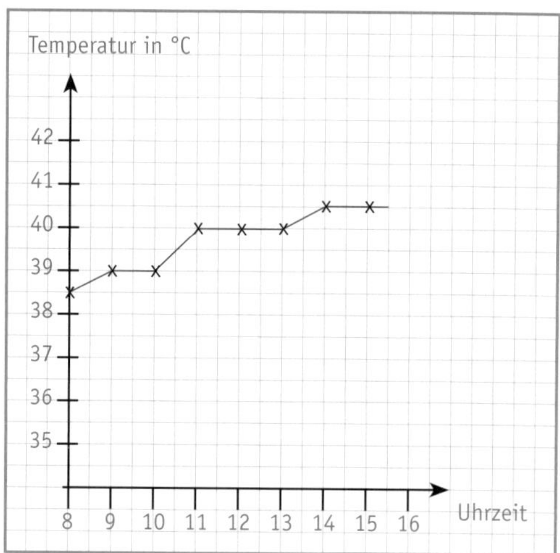

Think – Pair – Share

Schreibe deine Notizen in dein Heft.

- ➡ Ist die Darstellung sinnvoll?
- ➡ Ist die Darstellung richtig?
- ➡ Welche Vorteile/Nachteile hat sie?

C

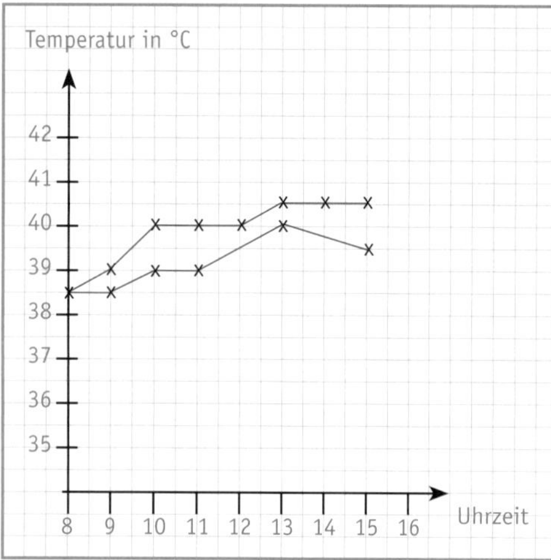

Think – Pair – Share

Schreibe deine Notizen in dein Heft.

- ➡ Ist die Darstellung sinnvoll?
- ➡ Ist die Darstellung richtig?
- ➡ Welche Vorteile/Nachteile hat sie?

D

Uhrzeit	Temperatur
8 Uhr	38,5 °C
9 Uhr	39 °C
10 Uhr	39 °C
11 Uhr	40 °C
12 Uhr	40 °C
13 Uhr	40 °C
14 Uhr	40,5 °C
15 Uhr	40,5 °C

Think – Pair – Share

Schreibe deine Notizen in dein Heft.

- ➡ Ist die Darstellung sinnvoll?
- ➡ Ist die Darstellung richtig?
- ➡ Welche Vorteile/Nachteile hat sie?

  Autorinnen: Lioba Sernetz & Susanne El Faramawy | ISBN 978-3-8346-4334-6 | www.verlagruhr.de

Klassenquiz

Darum geht's

Diese Unterrichtsstunde ist eine Übungsstunde zur Unterscheidung von linearen, proportionalen und antiproportionalen Zuordnungen sowie Scherzaufgaben. Sie setzt Kenntnisse zu Aufgabenstellungen, Wertetabellen und Graphen der drei ersten Kategorien voraus.
Zunächst finden die Schüler*innen ihre Großgruppe, die sich aus jeweils einem Viertel der Klasse zusammensetzt, indem sie sich einer Aufgabenstellung entsprechend korrekt zuordnen. Danach treten sie in einem Quiz gegeneinander an.

Kompetenzerwartungen

Die Schüler*innen …

- entnehmen mathematische Informationen aus Texten, Bildern und Tabellen (Lesekompetenz), analysieren und beurteilen die Aussagen (Argumentieren/Kommunizieren).
- arbeiten bei der Lösung von Problemen im Team (Argumentieren/Kommunizieren).
- identifizieren proportionale, antiproportionale und lineare Zuordnungen in Tabellen und Realsituationen (Funktionen).
- interpretieren Graphen von Zuordnungen (Funktionen).

Material

- Folienvorlagen/Infoblätter „Gruppenkarten 1" (S. 75), „Gruppenkarten 2" (S. 76), OHP
- ggf. eigene (Armband-)Uhr
- ggf. Süßigkeiten, Bleistifte, Radiergummis oder Hausaufgabengutscheine (S. 104 oder S. 114)

Vorbereitung

Kopieren Sie die Folienvorlage/Infoblätter „Gruppenkarten 1" und „Gruppenkarten 2" je 2-mal. Schneiden Sie die einzelnen Karten einmal aus. Die anderen Kopien behalten Sie als Lösungsblätter zur Kontrolle der Gruppeneinteilungen, da sich die Gruppen anhand der Zuordnungen ergeben. Wählen Sie die Aufgaben entsprechend dem Leistungsstand ihrer Klasse sowie der Klassengröße. Bedenken Sie, dass in jeder Gruppe etwa gleich viele Schüler*innen sein sollten. Ziehen Sie nun die Infoblätter, die zugleich Folienvorlagen sind, je einmal auf Folie. Schneiden Sie passende Aufgaben aus, sodass diese einzeln aufgelegt werden können.
Kaufen Sie ggf. Süßigkeiten, Bleistifte, Radiergummis oder erstellen Sie Hausaufgabengutscheine (siehe S. 114) als Belohnung für die Siegergruppe. Die Anzahl der benötigten Belohnungen entspricht einem Viertel der Klassenstärke.

> **Tipp**
> Laminieren Sie nach dem Ausschneiden die Karten der Infoblätter, um sie in Ihren Materialfundus aufnehmen zu können.

Stundenverlauf

Einstieg

ca. 6 Minuten

Begrüßen Sie die Schüler*innen, bitten Sie sie, alle Sachen von den Tischen zu räumen, und erläutern Sie den Ablauf der Stunde.
„Heute werdet ihr euer Wissen zum Thema Zuordnungen unter Beweis stellen. Dazu wird die Klasse in vier große Gruppen geteilt.
Jeder und jede erhält gleich entweder eine Aufgabenstellung, eine Beurteilung, eine Wertetabelle oder einen Graphen. Wer zur Kategorie proportionale Zuordnungen gehört, trifft sich vorn links in der Ecke. Alle mit antiproportionalen Zuordnungen treffen sich vorn rechts. Die linearen Zuordnungen, die nicht proportional sind, treffen sich hinten rechts. Einige von euch werden Karten bekommen, die in keine der drei Kategorien passen. Ihr trefft euch hinten links in der Ecke." Zeichnen Sie eine Skizze des Klassenraums an die Tafel und notieren Sie in den Ecken die entsprechenden Kategorien.
Verteilen Sie nun die Karten und geben Sie den Schüler*innen Zeit, sich ihren Ecken zuzuordnen.

Erarbeitung I und Sicherung I

ca. 6 Minuten

Haben sich die ersten vollständigen Gruppen geformt, überprüfen Sie deren Richtigkeit mithilfe der Extra-Kopien der Infoblätter. Geben Sie Schüler*innen, die sich falsch zugeordnet haben, die Chance, sich ein zweites Mal richtig zuzuordnen. Die anderen können dabei helfen.

Spielvorbereitung

ca. 6 Minuten

Haben alle ihre Gruppe gefunden, sammeln Sie die Karten wieder ein.
Fordern Sie die Schüler*innen auf, sich als Großgruppe an oder auf Tische zu setzen, die ihrer Ecke am nächsten sind. Je nach Klassenraumsituation können die Schüler*innen auch die Tische an die Seite schieben und sich auf Stühlen gruppieren.
Erklären Sie nun die Spielregeln:
„Es geht bei diesem Quiz darum, jeweils zu entscheiden, ob es sich um eine proportionale, antiproportionale oder lineare Zuordnung oder nichts von alldem handelt. Dazu gibt es drei Regeln. Erstens: Jede Gruppe bestimmt einen Gruppensprecher oder eine Gruppensprecherin. Nur diese dürfen Lösungen nennen. Bestimmt jetzt, wer das in eurer Gruppe sein soll."
Schreiben Sie die Namen der vier Gruppensprecher*innen nebeneinander als Tabelle mit zwei Zeilen an die Tafel, sodass Sie während des Spielverlaufs Punkte als Strichlisten notieren können.

> **Tipp**
> Sollte es sich um eine sehr unruhige Klasse handeln, notieren Sie sich als Gegner*in mit in der Tabelle. Sie bekommen Punkte, wenn sich die Schüler*innen nicht an Regeln halten, in die Klasse rufen oder anderweitig undiszipliniert verhalten. Auch Sie können gewinnen und die Süßigkeiten o. Ä. wieder mit in das Lehrerzimmer nehmen.

Nennen Sie die zwei weiteren Regeln:
„Zweitens: Ihr bekommt die Aufgaben gruppenweise gestellt, das heißt, nur der Sprecher oder die Sprecherin der Gruppe, die an der Reihe ist, darf antworten. Ihr habt immer 20 Sekunden Zeit, euch zu beraten. Ruft jemand anderes eine Antwort in die Klasse, bekommen alle anderen Gruppen einen Punkt.
Dritte Regel: Gibt der Gruppensprecher oder die Gruppensprecherin eine falsche Antwort, darf die nächste Gruppe antworten. Daher sollten sich alle Gruppen bei jeder Aufgabe beraten. Achtet nur darauf, so leise zu sprechen, dass ihr den anderen nicht die Lösungen verratet. Weiß keine Gruppe die Lösung, gehen wir die Aufgabe im Anschluss zusammen durch." Vergewissern Sie sich, dass alle die Regeln verstanden haben.

Spielphase

ca. 20 Minuten

Die Gruppe, die ganz links an der Tafel steht, beginnt. Legen Sie die erste aus der Folie ausgeschnittene Aufgabe auf und zählen Sie leise 20 Sekunden herunter. Notieren Sie Punkte an der Tafel und achten Sie auf die Einhaltung der Regeln. Legen Sie ungelöste Aufgaben auf einen gesonderten Stapel.
Spielen Sie entweder nach Zeit oder bis zu einer bestimmten Punktzahl.

Sicherung II

ca. 7 Minuten

Sprechen Sie ggf. ungelöste Aufgaben durch. Verteilen Sie ggf. die Preise an die Gewinnergruppe. Lassen Sie die Schüler*innen ggf. den Raum wieder in seinen ursprünglichen Zustand umräumen.

Lösungen

Die zusätzlichen Kopien dienen zugleich als Lösungsblätter zur Kontrolle der Gruppeneinteilungen.

Gruppenkarten 1

Proportionale Zuordnungen	**Antiproportionale Zuordnungen**
Andree kauft zwei Schokoriegel für 1,50 €. Wie teuer sind 7 Schokoriegel?	Sarah und Christoph brauchen 10 Stunden, um ihr Haus neu zu streichen. Wie lange brauchen sie, wenn ihre drei Geschwister ihnen helfen?
Beate trinkt jeden Morgen und jeden Nachmittag eine Tasse Tee. Wie viele Tassen Tee trinkt sie im Monat Januar?	Marie kauft Futter für ihren Hund Bo. Das Futter reicht für 12 Tage. Wie lange reicht das Futter, wenn der Hund ihrer Mutter gleich viel davon bekommt?
Zum Doppelten gehört das Doppelte und zur Hälfte gehört die Hälfte.	Zum Doppelten gehört die Hälfte und zur Hälfte gehört das Doppelte.
Der Graph ist ein Strahl, der beim Punkt (0/0) beginnt.	Der Graph ist eine Hyperbel.
Der Graph beginnt beim Nullpunkt.	Der Graph berührt weder die x-Achse noch die y-Achse.
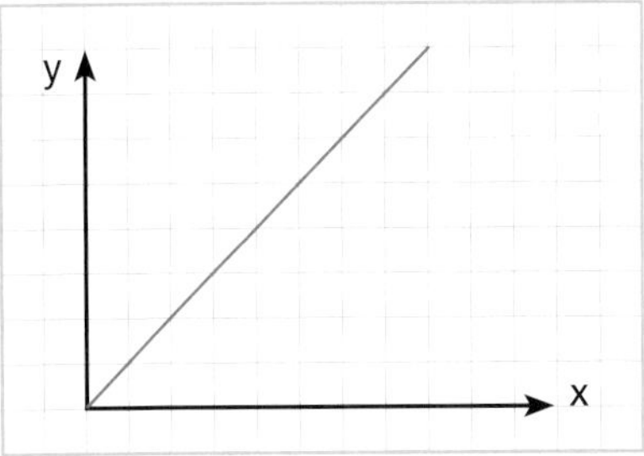 y, x	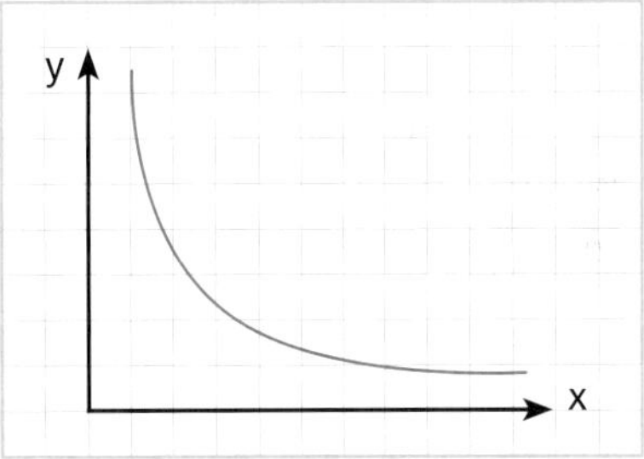 y, x
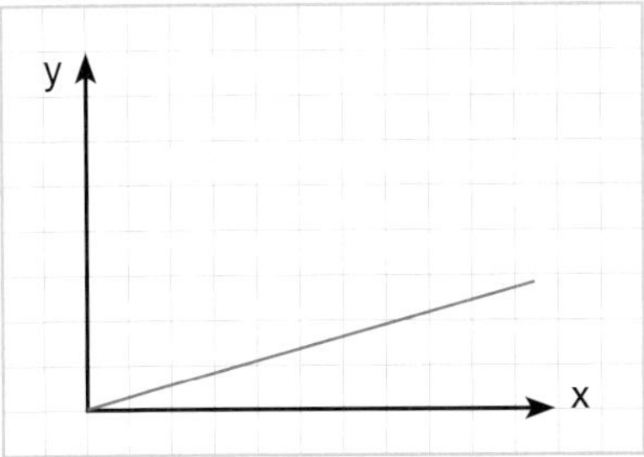 y, x	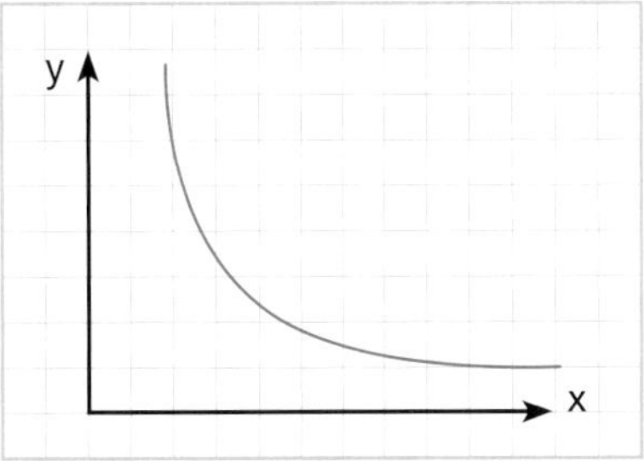 y, x
Wertetabellen	Wertetabellen

Wertetabellen

Anzahl	Preis (€)
1	1,20
2	2,40
4	4,80
6	7,20

Wertetabellen

Arbeiter	Arbeitszeit (h)
2	24
4	12
6	8
8	6

Gruppenkarten 2

Lineare Zuordnungen	**Scherzaufgaben**
Eva zahlt für die Ferienwohnung 35 € pro Nacht und 15€ für die Endreinigung.	Ein Ei braucht 8 Minuten, bis es hart gekocht ist. Wie lange muss Fredi auf ihre 3 hart gekochten Eier warten?
Der Mietwagen kostet für Matthes 20 € Reservierungsgebühr und 50 € pro Tag.	Magdalenas Lieblingsautor schreibt lange Romane. Sein erster ist 100 Seiten lang, sein zweiter 200. Wie viele Seiten wird sein drittes Buch haben?
Stephans neues Handy kostet ihn jeden Monat 34,99 € und einmalig 49,99 €, damit er seine alte Nummer weiterverwenden darf.	Nelly liebt es, zu reisen. 2017 war sie in 3 verschiedenen Ländern, 2018 in 4 verschiedenen Ländern. Wie viele verschiedene Länder wird sie im Jahr 2030 besuchen?
Der Graph ist ein Strahl, der zum Beispiel im Punkt (0/5) beginnt.	Samir liebt Fußball. Sein Lieblingsverein hat im ersten Bundesliga-Spiel 2 Tore geschossen, im zweiten Spiel sogar 4. Wie viele Tore schießt er im vierten Spiel?
Der Graph ist ein Strahl, der aber nicht im Nullpunkt beginnen muss.	Am 1. März saßen 2 Vögel auf dem Baum. Wie viele Vögel werden am 3. März auf dem Baum sitzen?
y, x	Die Klasse 5a hat 22 Schüler, die Klasse 6a 23 und die Klasse 7a 24. Wie viele Schüler sind in der Klasse 8a?
Tage: 0, 1, 2, 3 / Kosten (€): 20, 50, 80, 110	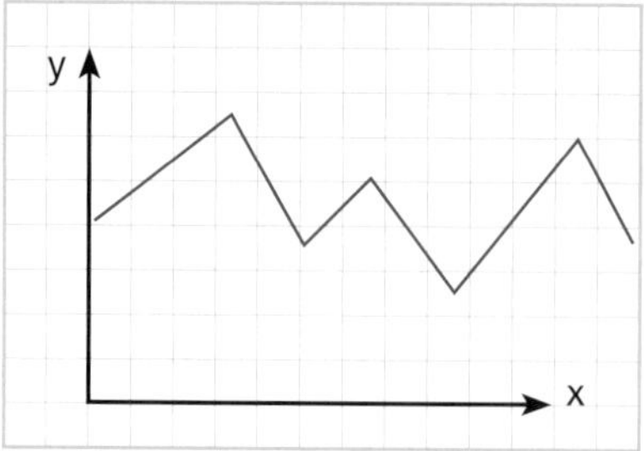 y, x
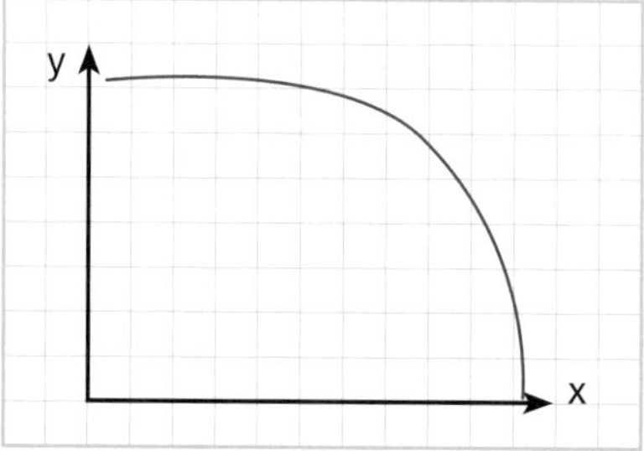 y, x	y, x

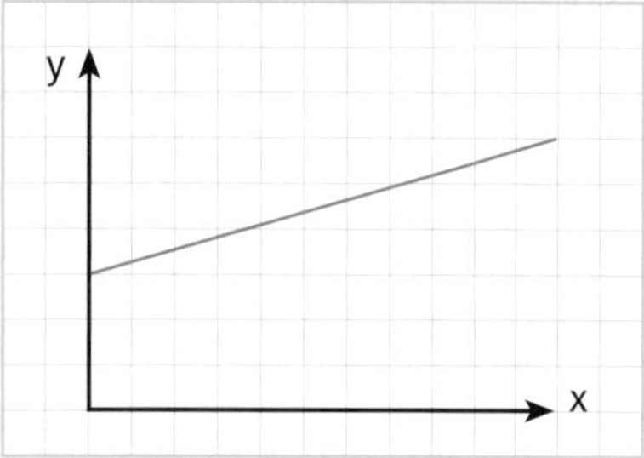

Tage	Kosten (€)
0	20
1	50
2	80
3	110

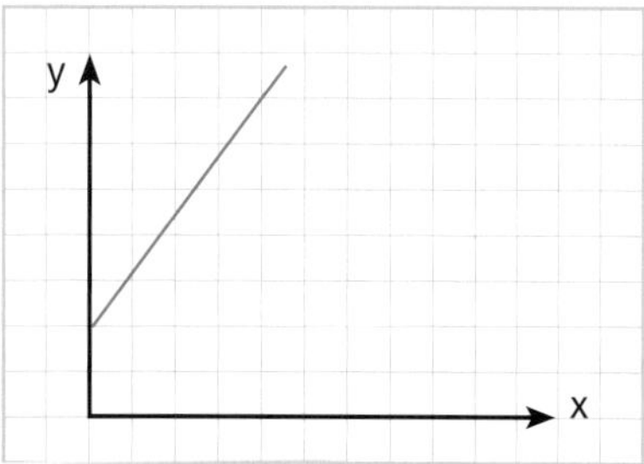

  ISBN 978-3-8346-4334-6 | www.verlagruhr.de

Geometrie

Die Fläche über dem Viereck ist ein Dreieck

Darum geht's

Schüler*innen wählen häufig Umschreibungen anstelle der passenden mathematischen Grundbegriffe, da sie darin nicht geübt sind.
In dieser Stunde ist die Beschreibung geometrischer Formen durch präzise Fachbegriffe jedoch eine enorme Arbeitserleichterung, wodurch die Schüler*innen die Sinnhaftigkeit der Verwendung von Fachbegriffen verstehen.
Im Hauptteil der Stunde „diktieren" sich die Schüler*innen in Partnerarbeit durch mathematische Beschreibungen gegenseitig einen Bildabschnitt und fügen diese im Verlauf der Stunde zu ganzen Kunstwerken zusammen.
Die verwendeten Flächen sind Quadrate, Rechtecke, Trapeze und Dreiecke, zur Beschreibung der Lage der Strecken benötigen die Schüler*innen die Fachbegriffe parallel, senkrecht, horizontal, vertikal. Die meisten dieser Fachbegriffe werden in der Stunde „Geometrietandem" (S. 82 ff.) erarbeitet.

Kompetenzerwartungen

Die Schüler*innen …

- erkennen mathematische Gegenstände in Bildern (Mathematik als Struktur).
- teilen mathematische Sachverhalte zutreffend und verständlich mit (Argumentieren/Kommunizieren).
- entnehmen mathematische Informationen aus Bildern (Lesekompetenz/Argumentieren/Kommunizieren).
- verwenden Lineal und Geodreieck zum Messen und genauen Zeichnen (Umgang mit Werkzeugen).

Material

- Folienvorlage „Geometrische Bildbeschreibung" (S. 80), OHP
- Materialblatt „Puzzle" (S. 81)
- Magnete im Klassensatz, wahlweise Klebestreifen
- Grundausstattung der Schüler*innen: kariertes Papier (nicht das Heft), Geodreieck, Schere, Bleistift, Buntstifte: rot, schwarz, grün, blau, braun

Vorbereitung

Erinnern Sie die Schüler*innen in der vorangehenden Mathematikstunde daran, ihre in dieser Stunde benötigte Grundausstattung mitzubringen.
Kopieren Sie die Vorlage „Geometrische Bildbeschreibung" auf Folie.
Kopieren Sie das Materialblatt „Puzzle" in benötigter Anzahl, wobei Sie für vier Lernende jeweils ein großes Bild benötigen. Die vier großen Bilder (insgesamt 16 Bildausschnitte) ergeben ein ganzes Bild. Eine Kopie entspricht also dem Materialbedarf von 16 Schüler*innen. Da in der Regel mehr als 16 Bildausschnitte benötigt werden, fertigen Sie eine zweite Kopie an (32 Bildausschnitte). Bei dieser können die unteren vier Bildausschnitte weggelassen werden, sodass sich 28 Bildausschnitte ergeben und die Burg noch ganz zu sehen ist.
Halten Sie für den zweiten Teil der Unterrichtsstunde die Magnete im Klassensatz bzw. die Klebestreifen bereit.

Stundenverlauf

Einstieg

ca. 8 Minuten

Legen Sie die Folie als stummen Impuls auf den OHP, decken Sie dabei nur die oberen beiden Bilder auf und warten Sie Wortmeldungen ab. Fordern Sie die Lerngruppe ggf. auf, sich zu den beiden „Kunstwerken" zu äußern.
Mögliche Antworten:
„Die beiden Bilder sind sehr ähnlich."
„Beide Bilder bestehen aus mathematischen Formen."
„Ich sehe Quadrate, Rechtecke und Dreiecke."
Decken Sie die Box mit den Fachbegriffen auf und gehen Sie diese durch. Lassen Sie ggf. einzelne Wörter erläutern und Formen aus den Bildern zuordnen.

Erarbeitung I und Sicherung I

ca. 7 Minuten
Decken Sie nun auch die anderen beiden Bilder auf.
„Wer von euch beschreibt eines der vier Bilder so genau, dass die anderen erraten können, um welches es sich handelt?"
Besprechen Sie im Anschluss die Wichtigkeit der Verwendung der Fachbegriffe. Sprechen Sie ggf. auch Schwierigkeiten an.
Lassen Sie auf diese Weise ein weiteres Bild beschreiben. Sie können dazu auch die Folie um 90° drehen.

Erarbeitung II

ca. 20 Minuten
Erläutern Sie nun das weitere Vorgehen. Entscheiden Sie, ob die Schüler*innen mit ihrem*ihrer Sitznachbar*in oder in frei gewählten 2er-Teams zusammenarbeiten.
„Für die restliche Stunde arbeitet ihr in Partnerarbeit. Jeder und jede bekommt einen Bildausschnitt, den euer Gegenüber nicht sehen darf. Eure Aufgabe ist es, den Bildausschnitt so genau zu beschreiben, dass euer Gegenüber ihn auf einem karierten Blatt nachzeichnen kann. Messt genau nach, zeichnet Hilfslinien in die Vorlage, damit ihr Formen leichter benennen könnt, zählt die Kästchen ab und nutzt die Fachbegriffe, die wir am Anfang der Stunde wiederholt haben."
Verweisen Sie auf die Box mit Fachbegriffen und lassen Sie diese in der Arbeitsphase sichtbar. Schreiben Sie diese ggf. an die Tafel.
„Wenn ihr bemerkt, dass euer Teammitglied einen Fehler macht, weist ihn oder sie mündlich (also ohne mit dem Finger auf die betreffende Stelle zu zeigen) darauf hin. Nachfragen sind erlaubt! Wenn euer Gegenüber das Bild gezeichnet hat, vergleicht genau, ob alles stimmt. Tauscht dann die Rollen, sodass nach 15 Minuten jeder und jede ein Bild beschrieben und ein Bild gezeichnet hat. Denkt auch daran, die Bilder in den angegebenen Farben anzumalen."
Verteilen Sie an jede*n Schüler*in einen Bildausschnitt und stellen Sie den Timer auf 15 Minuten. Geben Sie zur Sicherheit nach der Hälfte der Zeit Bescheid, sodass beide Partner*innen ihr Bild zeichnen können.

Sicherung

ca. 10 Minuten
Haben alle ihre Bildausschnitte gezeichnet und angemalt, verteilen Sie die Magnete bzw. Klebestreifen. Fordern Sie nun eine*n Schüler*in auf, seinen*ihren Bildausschnitt an die Tafel zu hängen.
„Margret hat ihren Bildausschnitt an die Tafel gehängt. Hat jemand einen Bildausschnitt, der dazu passt?"
Lassen Sie auf diese Weise das erste Bild ergänzen. Fordern Sie nun ein weiteres Mitglied der Lerngruppe auf, seinen*ihren Bildausschnitt an die Tafel zu hängen. Verfahren Sie wie oben beschrieben, bis alle ihre Bildausschnitte an die Tafel gehängt haben.
Lassen Sie im Anschluss die mathematischen Formen, welche in den einzelnen Bildern zu erkennen sind, benennen.

Wenn die Anzahl trotzdem nicht passt
Sollte die Anzahl der Bildausschnitte nicht mit der Anzahl der Lernenden übereinstimmen, bitten Sie ein Schülerpaar, welches schnell mit dem Zeichnen fertig geworden ist, die fehlenden Bildausschnitte abzuzeichnen und in den entsprechenden Farben anzumalen. Sollte die Zeit dafür nicht reichen, können die Schüler*innen die originalen Abschnitte auch nur anmalen bzw. die Schwarz-Weiß-Kopien an die Tafel gehängt werden.

Geometrische Bildbeschreibung

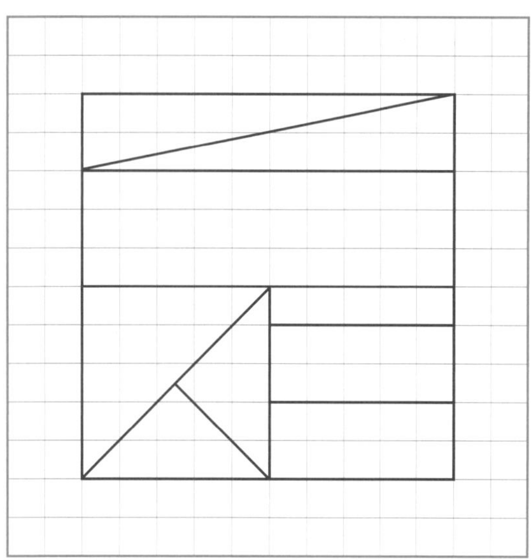

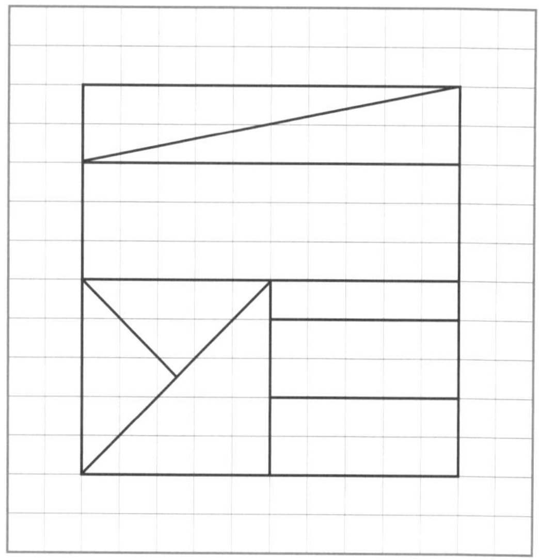

Fachbegriffe

Mathematische Flächen:
- Quadrat
- Rechteck
- Trapez
- Dreieck

Lage der Strecken:
- parallel
- senkrecht
- horizontal
- vertikal

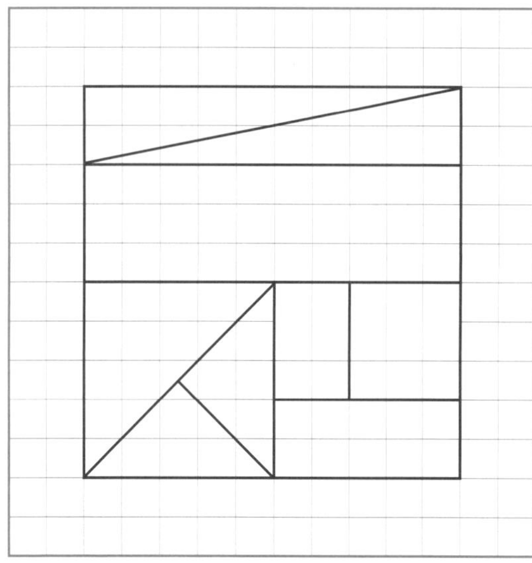

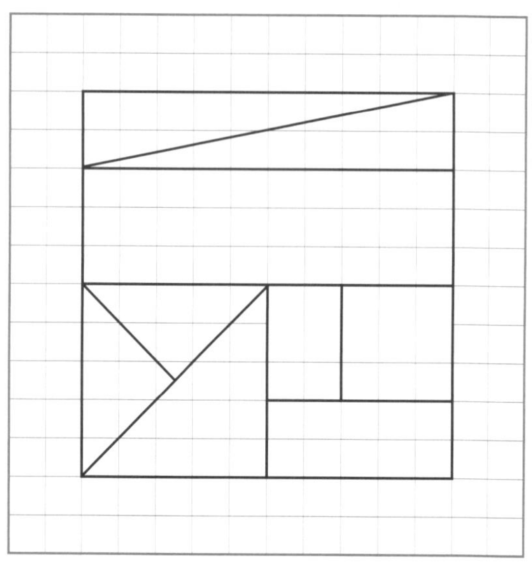

  ISBN 978-3-8346-4334-6 | www.verlagruhr.de

Puzzle

Hinweis: Auf doppelte Größe kopieren und Bildausschnitte auseinanderschneiden.
Es ergeben sich 16 Bildausschnitte.

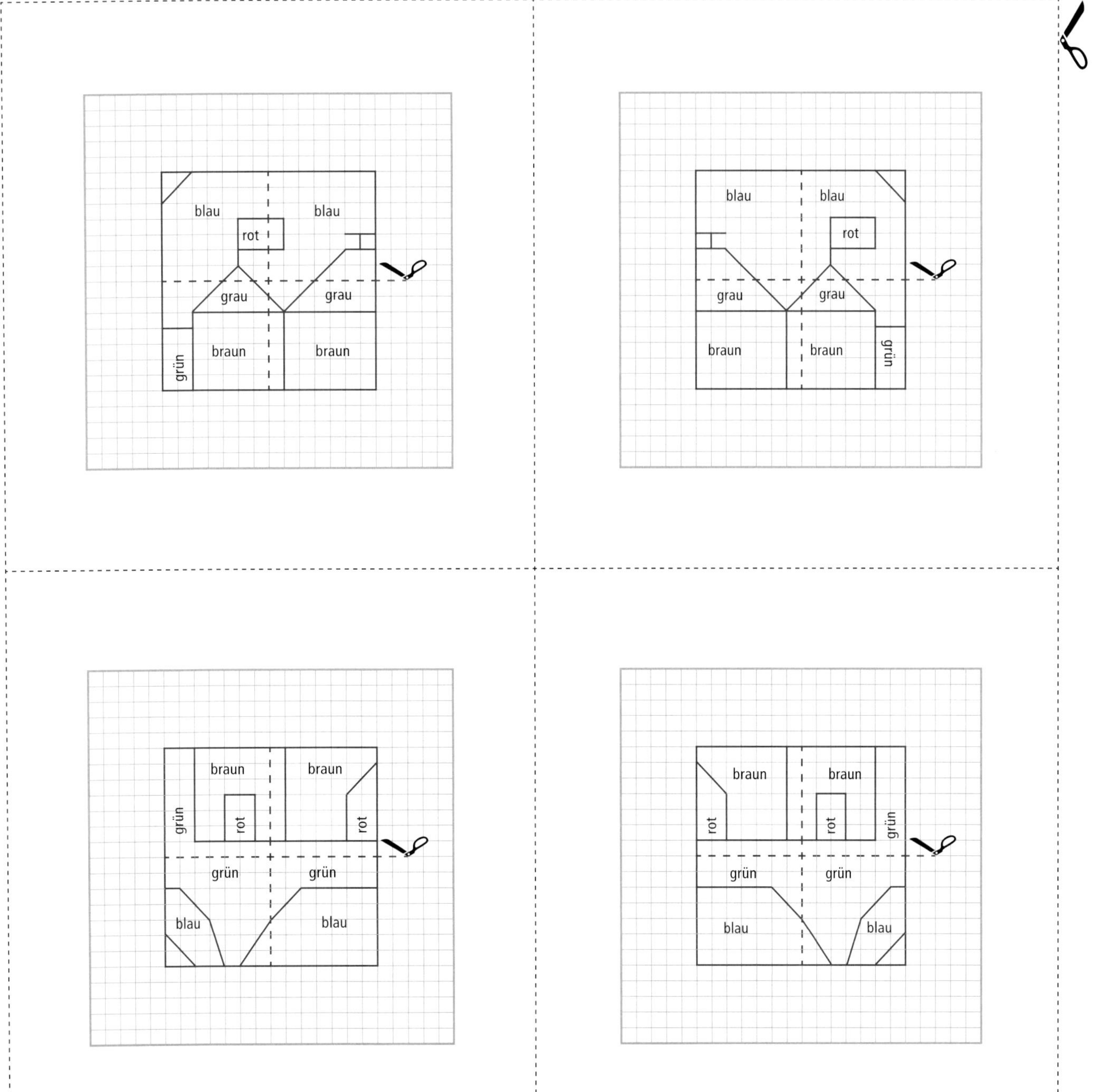

Geometrietandem

Darum geht's

Worin unterscheiden sich die verschiedenen Vierecke? In der Mathematik gibt es viele Definitionen, anhand derer die geometrischen Grundbegriffe, -figuren und -körper bestimmt werden können. In dieser Stunde üben die Lernenden die Begrifflichkeiten, indem sie sich in Expertengruppen mit einem Begriff genau befassen und ihre Ergebnisse in der Klasse präsentieren.

Kompetenzerwartungen

Die Schüler*innen ...

- erläutern Definitionen mit eigenen Worten und geeigneten Fachbegriffen (Argumentieren/Kommunizieren).
- verwenden die Grundbegriffe „Gerade", „Strecke", „parallel" und „senkrecht" zur Beschreibung ebener Figuren (Geometrie).
- benennen und charakterisieren Grundfiguren und Grundkörper (Rechteck, Quadrat, Drachen, Parallelogramm, Raute, Kreis, Quader und Würfel). Sie identifizieren sie in ihrer Umwelt (Geometrie).

Material

- Materialblatt „Definitionskarten I – Grundbegriffe/Grundformen" (S. 84)
- Materialblatt „Definitionskarten II – Grundformen/Grundkörper" (S. 85)
- Materialblatt „Tandembogen" (S. 86)
- Grundausstattung der Schüler*innen: Lineal/Geodreieck und Zirkel

Vorbereitung

Wählen Sie die Definitionskarten aus, die für Ihre Lerngruppe geeignet sind. Kopieren Sie diese so oft, dass Sie nach dem Auseinanderschneiden der einzelnen Definitionskarten einen viertel Klassensatz haben. Sollte die Anzahl der Lernenden nicht durch vier teilbar sein, ordnen Sie leistungsschwächere Schüler*innen leistungsstärkeren zu oder bilden Sie eine 3er-Gruppe. Streichen Sie von dem Tandembogen die Aufgaben durch, die inhaltlich nicht auf den Arbeitskarten thematisiert werden. Kopieren Sie den Tandembogen dann im halben Klassensatz. Es ist von Vorteil für diese Stunde, wenn die Schüler*innen bereits in Gruppen sitzen. Erinnern Sie die Lerngruppe im Vorfeld daran, Lineal/Geodreieck und Zirkel mitzubringen.

Stundenverlauf

Einstieg

ca. 5 Minuten

Zeichnen Sie ein Quadrat und ein Parallelogramm an die Tafel. Warten Sie auf erste Meldungen. Je nach Vorwissen können die Schüler*innen die beiden Formen schon benennen. *„Das sind beides Vierecke. Stimmt die Aussage?"* Diskutieren Sie mit den Lernenden Ihre Aussage. *„Das sind beides Quadrate. Stimmt die Aussage?"* Diskutieren Sie erneut mit Ihren Schüler*innen. Nehmen Sie die Argumente auf und leiten Sie zur Arbeitsphase über. *„Unser Ziel ist es, heute am Ende der Stunde die Unterschiede zwischen mathematischen Grundbegriffen (Grundfiguren/Grundkörpern) nennen zu können, um diese klar voneinander zu unterscheiden."* Notieren Sie an der Tafel unter den Figuren die Frage: Worin unterscheiden sich diese Figuren?

Erarbeitung

ca. 10 Minuten

Entscheiden Sie, ob Sie 4er-Gruppen vorgeben oder ob die Lerngruppe diese frei wählen darf. Notieren Sie während des Umsetzens die folgenden Aufgaben an der Tafel:

1. Definitionskarte lesen
2. Definitionskarte erklären
3. Begriff zeichnen
4. gegenseitige Kontrolle

Sobald alle in den Gruppen sitzen, erklären Sie das weitere Vorgehen.
„Jede Gruppe bekommt gleich eine Definitionskarte. Ihr benötigt alle ein Lineal/Geodreieck, einen Bleistift und ein Blatt Papier zum Zeichnen. Lest euch die Definitionskarte gemeinsam durch,

erklärt euch dann gegenseitig den Inhalt. Zeichnet zum Schluss jeder und jede das vorgegebene Objekt möglichst groß auf eine DIN-A4-Seite und überprüft euch gegenseitig. Ihr habt nun 10 Minuten Zeit, die Aufgaben zu erledigen, damit ihr im Anschluss an die Arbeitsphase eine kurze Präsentation zu eurer Definitionskarte geben könnt." Verteilen Sie an jede Gruppe eine Definitionskarte. Stehen Sie den Schüler*innen beratend zur Seite.

Präsentation

ca. 10 Minuten

Lassen Sie jede Gruppe ihre Definitionskarte vorstellen. Je nach Lerngruppengröße gibt es für einige oder alle Definitionskarten eine Kontrollgruppe. Diese achtet mit Ihnen gemeinsam auf die Nutzung der Fachsprache.

„Stellt eure Definitionskarte vor und achtet darauf, dass ihr Fachbegriffe zur Erklärung verwendet. Eure Kontrollgruppe und ich achten darauf. Alle Gruppenmitglieder, die nicht erklären, halten bitte ihre Zeichnungen in verschiedene Richtungen des Raumes, damit alle anderen zeitgleich sehen können, was erklärt wird."

Beenden Sie die Präsentationsphase, sobald alle Definitionskarten vorgestellt worden sind.

„Jede 4er-Gruppe teilt sich in zwei 2er-Gruppen auf. Die Definitionskarten legt ihr vorn ab, damit ihr für die anschließende Übung eine Kontrollmöglichkeit habt."

Übungsphase

ca. 15 Minuten

Teilen Sie für jedes 2er-Team einen Tandembogen aus. Erklären Sie das weitere Vorgehen. *„Setzt euch gegenüber, sodass ihr euch anguckt, und faltet den Tandembogen an der gestrichelten Linie. Haltet den Tandembogen mittig vor euch, damit beide den Text lesen können. Teammitglied A beginnt und liest die erste Frage vor. Teammitglied B antwortet, anschließend überprüft Teammitglied A die Antwort. Nun stellt Teammitglied B eine Frage für Teammitglied A. Nennt immer die Aufgabennummer zu eurer Antwort, damit euer Gegenüber die genannte Antwort nicht fälschlicherweise korrigiert."*

Sorgen Sie während der gesamten Arbeitsphase für eine ruhige Atmosphäre. Beenden Sie nach Ablauf der Zeit die Übungsphase. Schnelle Teams können den Tandembogen drehen, wenn sie fertig sind, und ihn erneut lösen.

Sicherung

ca. 5 Minuten

Steigen Sie mit der Situation vom Stundenbeginn in die Sicherung ein. *„Worin unterscheiden sich diese Figuren?"* Sammeln Sie alle Unterschiede und achten Sie auf die Einhaltung der Fachsprache. Je nachdem, welche Definitionskarten genutzt worden sind, erfragen Sie, wo im Alltag diese Grundbegriffe, Grundfiguren oder Grundkörper vorkommen. *„Wo ist es zwingend erforderlich, dass etwas parallel zueinander verläuft?"* (Z. B. Bahngleise)

Definitionskarten I: Grundbegriffe/Grundformen

Gerade
Eine Gerade ist eine gerade Linie, die in beide Richtungen keinen Endpunkt hat. Geraden werden häufig mit g, h und i bezeichnet.

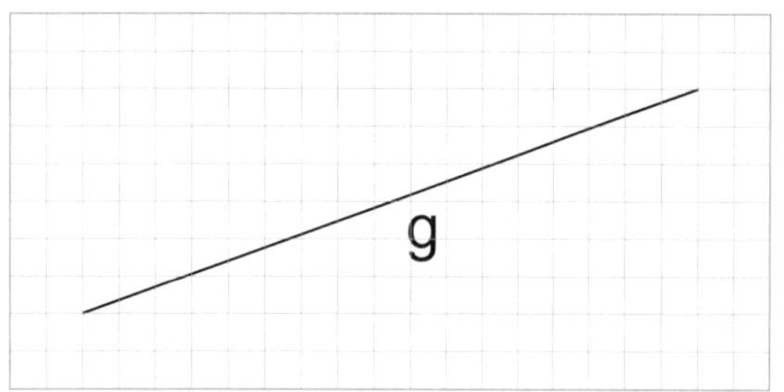

Strecke
Eine Strecke ist eine geradlinige Verbindung zwischen zwei Punkten A und B. Die Strecke wird mit $\overline{AB}$ bezeichnet.

parallel
Zwei Geraden sind zueinander parallel, wenn sie an jeder Stelle den gleichen Abstand zueinander haben. Man schreibt g || h und liest *g ist parallel zu h.*

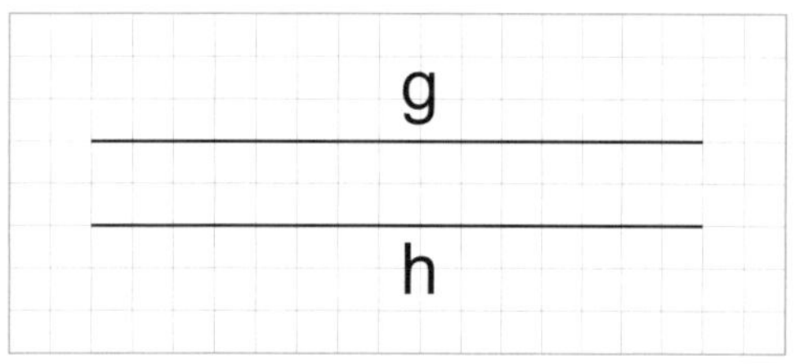

senkrecht
Zwei Geraden, die zueinander senkrecht sind, bilden einen rechten Winkel. In Zeichnungen werden solche Ecken mit dem Zeichen ⊾ markiert. Man schreibt g ⊥ h und spricht *g ist senkrecht zu h.*

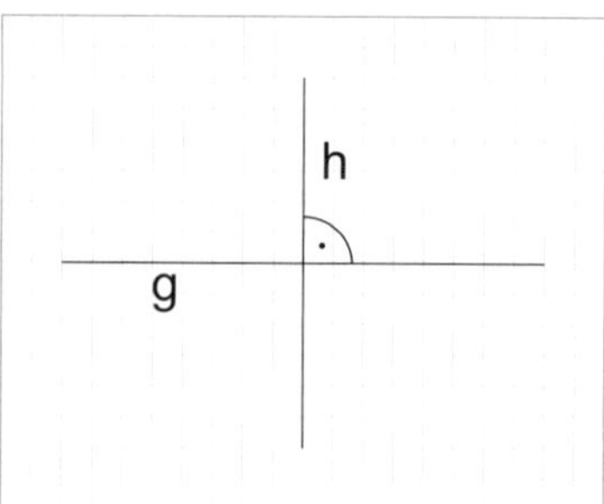

Rechteck
Ein Viereck mit vier rechten Winkeln heißt Rechteck. In einem Rechteck sind benachbarte Seiten zueinander senkrecht. Gegenüberliegende Seiten sind parallel und gleich lang.

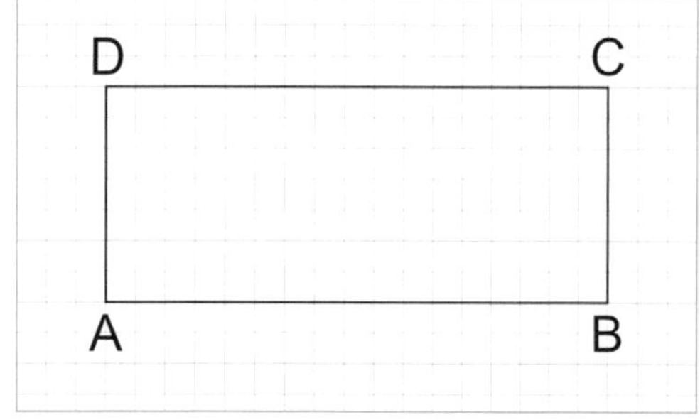

Quadrat
Ein Viereck mit vier rechten Winkeln und vier gleich langen Seiten heißt Quadrat.

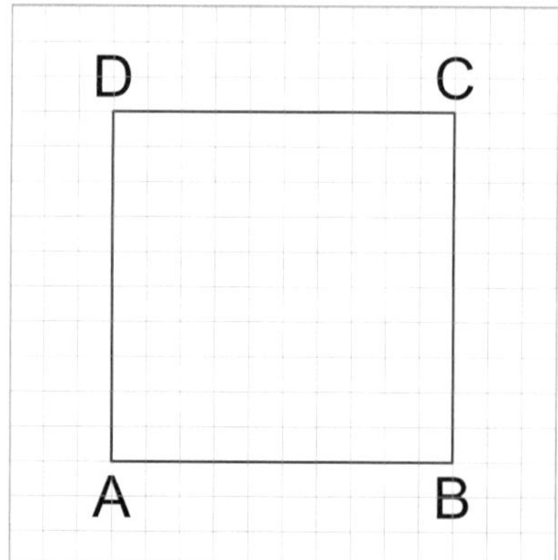

Definitionskarten II: Grundformen/Grundkörper

Drachen
Ein Drachen besitzt zwei Paare gleichlanger benachbarter Seiten.

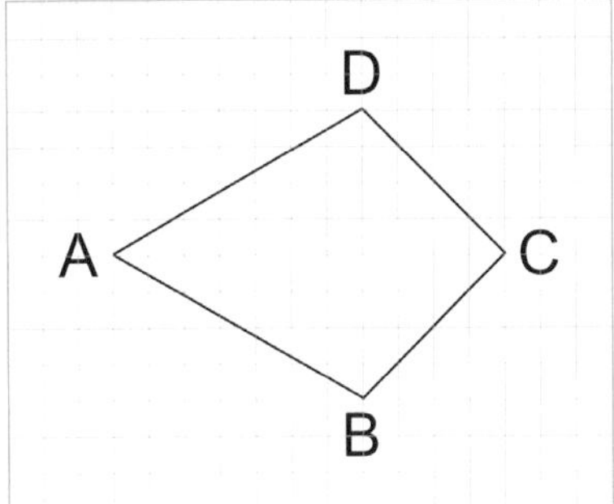

Parallelogramm
In einem Parallelogramm sind die gegenüberliegenden Seiten parallel zueinander und gleich lang.

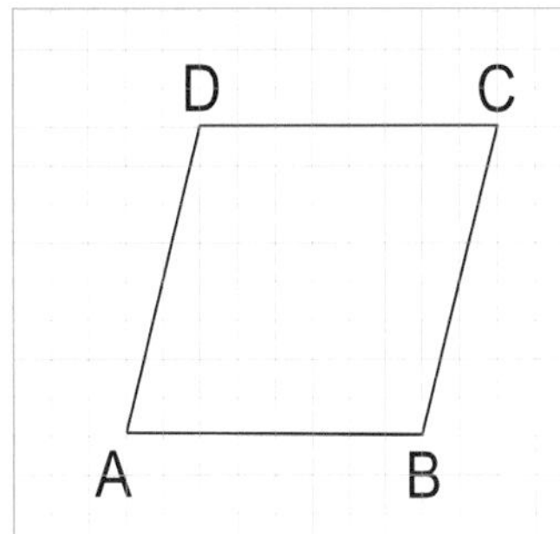

Raute
In einer Raute verlaufen die gegenüberliegenden Seiten immer parallel. Alle Seiten einer Raute haben die gleiche Länge.

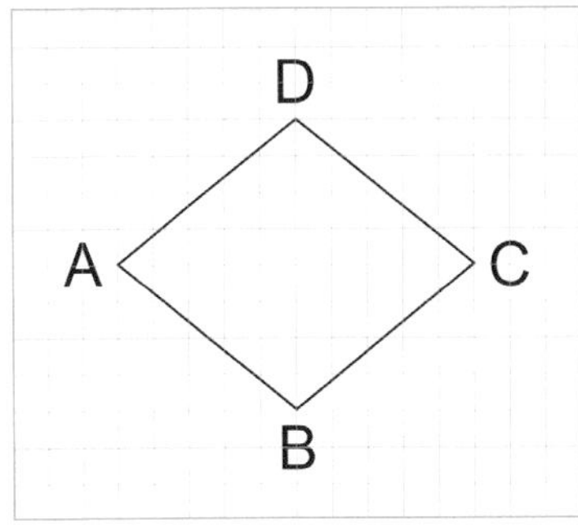

Quader
In einem Quader sind gegenüberliegende Flächen gleich groß. Insgesamt hat er sechs rechteckige Flächen. Je vier Kanten sind parallel und gleich lang.

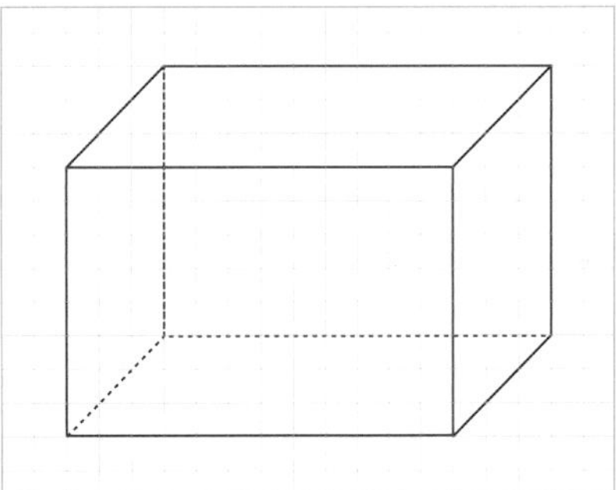

Würfel
Ein Würfel hat sechs quadratische Flächen, zwölf Kanten und acht Eckpunkte. Die Kanten des Würfels sind alle gleich lang. Je vier Kanten sind zueinander parallel.

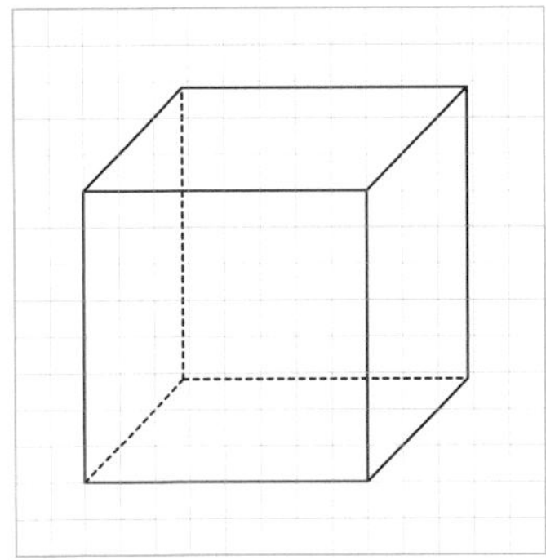

Kreis
Alle Punkte des Kreises haben vom Mittelpunkt dieselbe Entfernung. Jede Strecke vom Mittelpunkt zu einem Punkt auf dem Kreis heißt Radius r. Jede Strecke, die zwei Punkte auf dem Kreis verbindet und durch den Mittelpunkt des Kreises geht, heißt Durchmesser d.

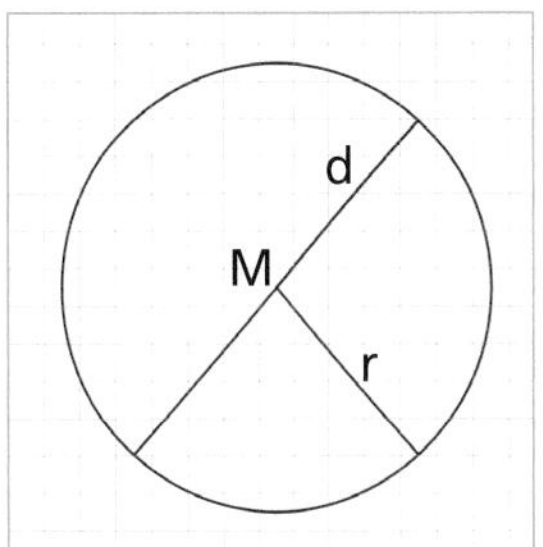

Tandembogen

◎ Teammitglied A

1. Eine gerade Linie, die 5 cm lang ist, nennt man …? ✔ ***Gerade***

2. Zwei Geraden, die sich so schneiden, dass sie einen rechten Winkel bilden, verlaufen … zueinander. ✔ ***parallel***

3. Es ist keine Raute und doch sind alle Seiten gleich lang. Welche Grundform ist gesucht? ✔ ***Rechteck***

4. Die gegenüberliegenden Seiten sind parallel und gleich lang. Es gibt keinen rechten Winkel. Wie heißt das Viereck? ✔ ***Drachen***

5. Der … hat keine Ecken und Kanten. ✔ ***Raute***

6. Der gesuchte Körper verfügt über sechs rechteckige Flächen. Die gegenüberliegenden Flächen sind gleich groß. Wie heißt der Körper? ✔ ***Würfel***

an der Linie falten

an der Linie falten

◎ Teammitglied B

1. Eine gerade Linie, die keinen Anfangs- und keinen Endpunkt hat, nennt man …? ✔ ***Strecke***

2. Zwei Geraden, die überall den gleichen Abstand haben, verlaufen … zueinander. ✔ ***senkrecht***

3. Ein Viereck mit vier rechten Winkeln und zwei unterschiedlich langen Seiten heißt …? ✔ ***Quadrat***

4. Dieses Viereck besitzt zwei Paar gleichlanger benachbarter Seiten. Wie heißt das Viereck? ✔ ***Parallelogramm***

5. In diesem Viereck sind alle Seiten gleich lang, gegenüberliegende Seiten verlaufen parallel zueinander. Es ist kein Quadrat. Welche Grundform ist gesucht? ✔ ***Kreis***

6. Alle Kanten sind gleich lang und der Körper verfügt über sechs quadratische Flächen. Welcher Körper ist gesucht? ✔ ***Quader***

Neue Sitzordnung im Klassenzimmer

Darum geht's

In dieser Unterrichtsstunde vermessen die Schüler*innen in Gruppen den Klassenraum, die Tische sowie alle Möbelstücke, um einen detaillierten Grundriss anzufertigen und sich so eine neue Raumaufteilung oder Sitzordnung zu überlegen. Das eventuelle Umräumen der Klasse kann je nach Zeitmanagement am Ende der Stunde oder in der darauffolgenden Unterrichtsstunde erfolgen.

Kompetenzerwartungen

Die Schüler*innen …

- arbeiten bei der Lösung von Problemen im Team (Argumentieren/Kommunizieren).
- präsentieren Ideen und Ergebnisse in kurzen Beiträgen (Argumentieren/Kommunizieren).
- nutzen elementare mathematische Regeln und Verfahren (Vermessen, Rechnen) zum Lösen von anschaulichen Alltagsproblemen (Problemlösen).
- übersetzen Situationen aus dem Alltag in mathematische Modelle (Modellieren).
- nutzen Maßbänder und Zollstöcke zum Messen (Werkzeuge).
- nutzen Geodreiecke zum genauen Zeichnen (Werkzeuge).

Material

- Maßbänder oder Zollstöcke in halber Klassenstärke
- selbstklebende Punkte für die Abstimmung
- Grundausstattung der Schüler*innen: kariertes Papier, Geodreieck, Bleistift, ggf. Taschenrechner

Vorbereitung

Fordern Sie die Lernenden im Vorfeld zu dieser Unterrichtsstunde auf, Maßbänder oder Zollstöcke mitzubringen. Sie werden in halber Klassenstärke benötigt. Entscheiden Sie im Vorhinein, ob eine neue Raumaufteilung oder Sitzordnung tatsächlich durchgeführt werden soll.

Stundenverlauf

Einstieg

ca. 13 Minuten

Begrüßen Sie die Schüler*innen und schreiben Sie als stummen Impuls folgende Frage an die Tafel: *„Wie breit ist unser Klassenraum?"* Zeigen Sie von Wand zu Wand, sodass die Schüler*innen wissen, was mit der Breite des Raumes gemeint ist. Sammeln Sie Wortmeldungen. Fragen Sie vereinzelt nach, wie die Lernenden auf die Längen kommen.

Lassen Sie die Lerngruppe nun schätzen, wie lang der Klassenraum ist.

„Jetzt überprüfen wir, wie lang und breit der Raum tatsächlich ist." Fordern Sie jeweils eine*n Schüler*in auf, mit Maßband oder Zollstock die Länge bzw. die Breite des Klassenraumes zu vermessen. Notieren Sie die richtigen, ggf. gerundeten Angaben an der Tafel.

„Diese Angaben braucht ihr gleich, da ihr euch heute in Gruppenarbeit eine neue Sitzordnung überlegt. Dabei sollen die Tische (und Schränke) umgestellt werden. Allerdings probiert ihr nicht durch das Herumschieben der Tische einzelne Sitzordnungen aus, sondern ihr geht mathematisch an die Sache heran. Zunächst teilen wir die Klasse in 4er-Gruppen ein. Jeweils zwei Gruppenmitglieder zeichnen zusammen den Grundriss der Klasse, während die anderen beiden messen." Verweisen Sie auf die ermittelten Maße des Klassenraumes und verwenden Sie jene für die weiteren Erklärungen.

„Der Klassenraum ist 9 m lang und 7 m breit. Das kann ich schlecht zeichnen." Fragen Sie nach Vorschlägen. Einigen Sie sich auf einen Maßstab von 1:100 (1 cm entspricht 1 m) oder 1:50 (2 cm entsprechen 1 m). Schreiben Sie Beispiele dazu an die Tafel (7 cm ≙ 7 m; 2 cm ≙ 2 m bzw. 14 cm ≙ 7 m; 2 cm ≙ 1 m).

„Die anderen beiden Gruppenmitglieder nehmen weitere Messungen vor. Was muss noch vermessen werden, damit ihr euch nachher eine neue Sitzordnung überlegen könnt?" Sammeln Sie Vorschläge und notieren Sie diese an der Tafel. Ergänzen Sie den Ablaufplan wenn nötig, sodass folgende Phasenübersicht an der Tafel steht:

Phase 1 (12 Minuten)
- *Grundriss zeichnen*
- *weitere Messungen vornehmen, zum Beispiel:*
  - ➡ *Tisch mit daran sitzenden Lernenden*
  - ➡ *Pult mit Platz für den Lehrenden*
  - ➡ *Wo und wie breit ist die Tür?*
  - ➡ *Wo und wie breit ist die Tafel?*
- *Maße in Grundriss aufnehmen*

Phase 2 (10 Minuten)
- *Sitzordnung überlegen*
- *genauen Sitzplan zeichnen*

Phase 3 (10 Minuten)
- *Sitzpläne aufhängen*
- *Abstimmung*

Geben Sie zu bedenken, dass der Sitzplan maßstabsgetreu sein muss, damit sichergestellt ist, dass die Anordnung der Tische in den Raum passt. *„Am besten stellt ihr die Tische mit dem Platz für die Stühle als kleine Rechtecke dar."* Wichtig ist hierbei, dass der Fokus auf der neuen Anordnung der Tische liegt und daher den einzelnen Plätzen keine Schüler*innen zugeordnet sein sollen. Teilen Sie die Klasse in 4er-Gruppen ein. Lassen Sie in jeder Gruppe festlegen, wer im ersten Schritt das Zeichnen und wer das Messen übernimmt.
„Für Phase 1 habt ihr nun 12 Minuten Zeit."

Erarbeitung I

ca. 12 Minuten
Unterstützen Sie die Schüler*innen in Phase 1 ggf. beim Messen, helfen und beobachten Sie.
Auch wenn es zwischen den Phasen einen fließenden Übergang gibt, weisen Sie die Klasse nach Ablauf der 12 Minuten darauf hin, dass Sie nun in Phase 2 übergehen sollen und für diese 10 Minuten zur Verfügung haben.

Erarbeitung II

ca. 10 Minuten
Stehen Sie der Lerngruppe während der Planungsphase bei Rückfragen zur Seite.

Sicherung

ca. 10 Minuten
Sind die Sitzpläne entworfen, werden sie für die Abstimmung im Klassenraum verteilt aufgehängt. Jede*r Schüler*in erhält für die Abstimmung einen selbstklebenden Punkt. Die Schüler*innen betrachten die verschiedenen Ideen beim Galeriegang und kleben ihren Abstimmungspunkt auf den Sitzplan, der ihnen am besten gefällt. Der Sitzplan mit den meisten Punkten gewinnt die Abstimmung. In dieser Weise können die Tische in der nächsten Stunde angeordnet werden.

Alternative zum Galeriegang
Alternativ zur Abstimmung mit selbstklebenden Punkten können die Sitzordnungen mit Magneten oder Klebeband an der Tafel befestigt werden. Die Lernenden stellen ihre Ideen kurz vor, sodass die Abstimmung im Plenum per Handzeichen erfolgen kann.

Tipp
Fragen Sie in großen Möbelhäusern oder Baumärkten nach Maßband- oder Zollstockspenden für die Schule.

Pizzeria Diabolo

Darum geht's

In dieser Unterrichtsstunde enttarnen die Schüler*innen einen betrügerischen Pizzabäcker, der seine Preise anhand des Umfangs der Pizzen berechnet. Sie ist als Übungsstunde zur Berechnung von Umfang und Flächeninhalt von Dreiecken konzipiert. Den Lernenden sollten die entsprechenden Formeln bekannt sein.

Kompetenzerwartungen

Die Schüler*innen ...

- entnehmen mathematische Informationen aus Texten und Bildern (Lesekompetenz).
- nutzen elementare mathematische Regeln und Verfahren zum Lösen von anschaulichen Alltagsproblemen (Problemlösen).
- übersetzen Situationen aus Sachaufgaben in mathematische Modelle (Modellieren).
- setzen Begriffe (Umfang und Fläche) an Beispielen miteinander in Beziehung (Argumentieren/Kommunizieren).
- deuten Ergebnisse in Bezug auf die ursprüngliche Problemstellung (Problemlösen).

Material

- Arbeitsblatt/Folienvorlage „Pizzeria Diabolo – je größer der Umfang, desto teurer die Pizza" (S. 91), OHP, Folienstift
- Grundausstattung der Schüler*innen: Geodreieck, ggf. Taschenrechner

Vorbereitung

Kopieren Sie das Arbeitsblatt/die Folienvorlage „Pizzeria Diabolo – je größer der Umfang, desto teurer die Pizza" im Klassensatz und ziehen Sie es einmal auf Folie.

Stundenverlauf

Einstieg

ca. 10 Minuten

Stellen Sie Ihrer Lerngruppe nach der Begrüßung einige Fragen zum Thema Pizza, zum Beispiel wer Pizza mag, welche Sorten es gibt, was ihre Lieblingspizzen sind. Fragen Sie auch nach Formen, in denen Pizzen verkauft werden (i. d. R. von oben betrachtet als Kreis oder Rechteck). Lassen Sie sich auch Preise nennen und fragen Sie, wovon die Preise abhängen (je größer die Pizza mit gleichem Belag, desto teurer; je mehr/teurere Beläge, desto teurer).

„Ein Pizzabäcker hat sich etwas anderes einfallen lassen." Legen Sie die Folie auf und lassen Sie die Lerngruppe das Angebot sowie die Formen der Pizzen betrachten. Fragen Sie, beim Ausbleiben von Meldungen, nach den Formen der Pizzen und lassen Sie eine*n Schüler*in das Angebot in eigenen Worten wiedergeben. Zeigen Sie auf der Folie, was mit dem Umfang der Pizzen gemeint ist, indem Sie ihn bei der ersten Pizza mit dem Folienstift markieren (lassen).

„Wie ihr seht, fehlen jedoch die Preise. Eure Aufgabe ist es, diese in Einzelarbeit zu berechnen. Berechnet dazu die Umfänge und schreibt sie in die Tabelle in die dafür vorgesehenen Zellen. Im zweiten Schritt teilt ihr die errechneten Zahlen durch 20 und erhaltet so die Preise der Pizzen. Ihr müsst durch 20 teilen, da jeder Zentimeter Umfang der Pizzen 5 ct kostet. Würdet ihr nicht durch 20 teilen, würde jeder Zentimeter 1 € kosten (1 € = 100 ct : 20 = 5 ct).

Vergleicht, wenn ihr alle Werte ermittelt habt, eure Ergebnisse mit denen eures Sitznachbarn oder eurer Sitznachbarin. Ihr habt dazu 10 Minuten Zeit."

Erarbeitung I

ca. 10 Minuten

Unterstützen Sie leistungsschwache Schüler*innen beim Addieren der Zahlen. Fordern Sie Schüler*innen, welche die Preise bereits ermittelt und verglichen haben, auf, jeweils eine Lösung (nicht in der richtigen Reihenfolge) an die Tafel zu schreiben.

Sicherung I

ca. 5 Minuten

Lassen Sie nach Ablauf der 10 Minuten die an der Tafel stehenden Preise den vier Pizzen zuordnen. *„Nun wissen wir, wie teuer die Pizzen sind. Wie bewertet ihr die Preise?“* Lassen Sie die Aussagen wertungsfrei stehen. Falls noch niemand den Bezug zu der Fläche der Pizzen hergestellt hat, haken Sie nach:
„Meint ihr denn, es ist gerechtfertigt, den Preis einer Pizza oder eines Pizzastücks von ihrem Umfang abhängig zu machen? Hat die Pizza mit dem größten Umfang wirklich die größte Fläche?“
Leiten Sie zur zweiten Erarbeitungsphase über. *„Nun werdet ihr nachrechnen, ob die Pizza mit dem größten Umfang wirklich die größte Fläche hat.“* Wiederholen Sie bzw. verweisen Sie auf die Formel zur Berechnung des Flächeninhaltes eines Dreiecks. Ggf. können Sie auf Folie die Höhe in der Abbildung der ersten Pizza einzeichnen (lassen) und die erste Rechnung im Plenum durchführen (lassen).
„Arbeitet mit eurem Sitznachbarn oder eurer Sitznachbarin zusammen. Denkt an den rechten Winkel, wenn ihr die Höhe einzeichnet. Ihr habt dazu 12 Minuten Zeit.“

Erarbeitung II

ca. 12 Minuten

Unterstützen Sie leistungsschwache Schüler*innen beim Einzeichnen der Höhen und beim Einsetzen der Werte in die Formel.

Sicherung II

ca. 8 Minuten

Lassen Sie sich die errechneten Flächeninhalte der Pizzadreiecke diktieren und schreiben Sie sie an die entsprechenden Stellen auf der Folie, sodass die Umfänge, Preise und Flächeninhalte auf einen Blick vergleichbar sind.
Sollte es keine Meldungen geben, haken Sie nach: *„Sind die Preise fair gewählt?“*
Stellen Sie sicher, dass alle am Ende verstanden haben, dass Herr Diabolo die Preise vom Umfang abhängig gemacht hat. Der Umfang hat jedoch nichts mit dem Flächeninhalt zu tun, alle Pizzen sind daher exakt gleich groß und müssten auch gleich teuer sein.

Information
Eine normale Pizza hat i. d. R. einen Durchmesser von 24 cm, woraus sich eine Fläche von rund 452 cm² ergibt. Daher wurde als Flächeninhalt der Pizzadreiecke 450 cm² gewählt, sodass die Pizzapreise mit den Alltagserfahrungen der Schüler*innen vergleichbar sind.

Lösungen

Arbeitsblatt „Pizzeria Diabolo - je größer der Umfang, desto teurer die Pizza“

Pizza 1
Umfang: 96 cm
Preis: 4,80 €
Flächeninhalt: 450 cm²
Höhe: 25 cm

Pizza 2
Umfang: 102 cm
Preis: 5,10 €
Flächeninhalt: 450 cm²
Höhe: 25 cm

Pizza 3
Umfang: 116 cm
Preis: 5,80 €
Flächeninhalt: 450 cm²
Höhe: 25 cm

Pizza 4
Umfang: 153 cm
Preis: 7,65 €
Flächeninhalt: 450 cm²
Höhe: 25 cm

Pizzeria Diabolo – je größer der Umfang, desto teurer die Pizza

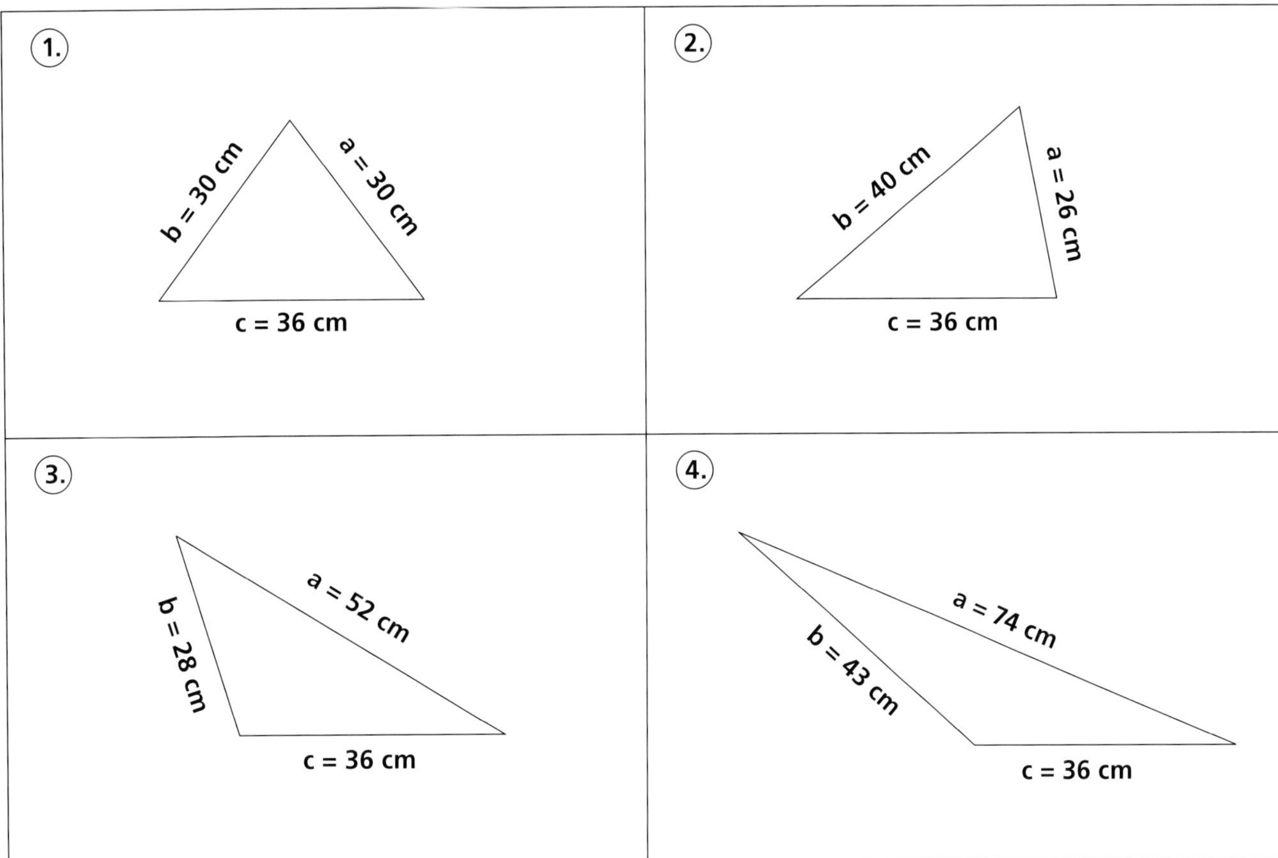

1 cm = 5 ct

Aufgaben

1. Berechne in **Einzelarbeit**
   a) den Umfang der vier Pizzen. Addiere dazu die angegebenen Längen.
   b) den Preis der vier Pizzen. Teile dazu jeweils den Umfang durch 20.
2. Vergleiche deine Ergebnisse aus 1a) und 1b) mit deinem Partner oder deiner Partnerin.
3. Zeichnet in **Partnerarbeit** die Höhen in die Dreiecke ein und berechnet die Flächeninhalte.
   Hinweis: 1 mm in der Abbildung entspricht 1 cm in der Realität (20 mm = 2 cm entsprechen 20 cm usw.)

	1a) Umfang in cm u=a+b+c	1b) Preis in € Umfang: 20 cm	2) Fläche $A=\frac{1}{2} \cdot g \cdot h$
Pizza 1			
Pizza 2			
Pizza 3			
Pizza 4			

Schiffe finden

Darum geht's

In dieser Unterrichtsstunde geht es darum, dass die Schüler*innen handlungsorientiert und gleichzeitig spielerisch den Umgang mit dem 1. Quadranten im Koordinatensystem einüben. Die Schüler*innen wenden ihr Wissen beim Spiel „Schiffe finden" an.

Kompetenzerwartungen

Die Schüler*innen …

- zeichnen Koordinaten im 1. Quadranten im ebenen Koordinatensystem ein (Geometrie).
- arbeiten bei der Lösung von Problemen im Team (Argumentieren/Kommunizieren).

Material

- Folienvorlage „Schiff in Seenot" (S. 94), OHP, Folienstift
- Geodreieck/Lineal für die Tafel
- Grundausstattung der Schüler*innen: Geodreieck/Lineal

Vorbereitung

Kopieren Sie die Vorlage „Schiff in Seenot" auf Folie. Erinnern Sie die Lerngruppe im Vorfeld daran, dass sie für diese Stunde ein Geodreieck oder Lineal benötigt.

Stundenverlauf

Einstieg

ca. 10 Minuten

Legen Sie die Folie „Schiff in Seenot" abgedeckt auf den OHP. Wählen Sie zwei Freiwillige aus, sodass ein*e Schüler*in die Rolle von Seemann Willi und ein*e Schüler*in die Rolle von Kapitän Michael übernimmt. Decken Sie die Folie nur schrittweise auf. Die zweite Sprechblase von Seemann Willi ist leer. Überlegen Sie gemeinsam mit der Lerngruppe, welche Frage Willi hat. Beispiele können lauten: *Woher wissen Sie, wo wir sind?* oder *Wie lauten unsere Koordinaten?* oder *Wie geben Sie die Koordinaten an?*

Notieren Sie die Frage in der leeren Sprechblase. Halten Sie dann einen kurzen Lehrervortrag, sobald Sie das Koordinatensystem aufdecken. *„Mit dem Gradnetz der Erde kann man jede Position auf der Weltkarte bestimmen. Das Gradnetz der Erde erinnert an ein Koordinatensystem. In einem Koordinatensystem kann die Lage eines Punktes/Schiffes genau angegeben werden. Die Linien im Koordinatensystem verlaufen parallel und senkrecht zueinander. Die Position des Punktes/Schiffes im Koordinatensystem ist durch ein Zahlenpaar bestimmt. Bei jedem Punkt wird zuerst die x-Koordinate und dann die y-Koordinate angegeben."* Zeigen Sie während Ihrer Erklärung auf das Koordinatensystem.
„Wie viele Einheiten muss ich nach rechts gehen, damit das Schiff genau über meinem Finger ist?" Notieren Sie die Antwort auf der Folie. *„Wie viele Einheiten muss ich nach oben gehen, damit mein Finger genau auf dem Schiff ist?"* Notieren Sie auch diese Antwort. Ergänzen Sie die notwendigen Klammern, sodass die Lerngruppe die richtige Notation sieht: (5 I 3).
Lassen Sie auch noch die Antwort von Kapitän Michael vorlesen.

Arbeitsphase

ca. 23 Minuten

Leiten Sie zur Arbeitsphase über. *„Ihr übt nun das Finden der richtigen Koordinaten, damit ihr sie so wie Kapitän Michael verlässlich angeben könnt. Dazu zeichnet ihr das Koordinatensystem, das ich jetzt anzeichne, 2-mal untereinander in euer Heft. Nehmt am besten eine neue Seite."* Zeichnen Sie ein Koordinatensystem mit der Länge 12 mal 12 Kästchen an die Tafel. Achten Sie auf die richtige Beschriftung der x-Achse und der y-Achse. Erklären Sie das Prinzip des Spiels „Schiffe finden" anhand des Beispiels auf S. 93: *„Versteckt nun innerhalb des ersten Koordinatensystems ein 7er-Schiff, ein 6er-Schiff und ein 5er-Schiff. Das 7er-Schiff besteht aus sieben nebeneinanderstehenden Kreisen. Ein Kreis ist immer ein Berührungspunkt von vier Kästchen."* Machen Sie dies an der Tafel vor. *„Im ersten Koordinatensystem tragt ihr die Koordinaten die euer Partner oder eine Partnerin rät, mit einem*

Kreuz ein und sagt ihm oder ihr, wenn er oder sie einen Teil des Schiffes gefunden hat. Im zweiten Koordinatensystem tragt ihr eure geratenen Koordinaten ein: als Kreis, wenn ihr einen Teil des Schiffes gefunden habt, sonst als Kreuz." In der Arbeitsphase stehen Sie beratend zur Seite. Beenden Sie die Arbeitsphase nach Ablauf der Zeit.

Sicherung

ca. 12 Minuten

Steigen Sie mit der zu Beginn gestellten Frage (siehe Sprechblase) in die Sicherung ein. *„Ihr habt zu Beginn eine Frage für Seemann Willi formuliert. Was könnt ihr ihm nun mit eurem neuen Wissen antworten?"*

Leiten Sie das Unterrichtsgespräch und lassen Sie die Lerngruppe noch einmal die richtige Abfolge bei der Markierung einer Koordinate wiedergeben (erst x, dann y).

Bitten Sie die Lerngruppe darum, dass sie ein Koordinatensystem mit je fünf Einheiten zeichnet. Diktieren Sie der Lerngruppe folgende Koordinaten: *„Zeichnet in das Koordinatensystem folgende Punkte: A (1|1); B (3|1); C (3|3); D (2|5); E (1|3). Verbindet nun alle Punkte von A bis E miteinander und auch noch den Punkt E mit dem Punkt A. Welche Form ist entstanden?"* Es entsteht die Form eines Hauses.

Variante

In einer Folgestunde kann die Lerngruppe das Spiel „Schiffe versenken" spielen. Hierzu muss jede*r Schüler*in zwei Koordinatensysteme mit je zehn Einheiten zeichnen. Anschließend versteckt Person A im ersten Koordinatensystem fünf Schiffe. Die Schiffe haben folgende Größe: 2 mal 2 Punkte aufeinanderfolgend, 1 mal 3 Punkte aufeinanderfolgend, 1 mal 4 Punkte aufeinanderfolgend und 1 mal 5 Punkte aufeinanderfolgend, wobei die Schiffe sich nicht gegenseitig berühren dürfen. (Alle anliegenden Punkte um ein Schiff bleiben frei.) Person B bereitet sich wie Person A vor.

Person A sucht nun die Schiffe von Person B.
Person A fragt: *„Hast du ein Schiff bei (2|5)?"*
Person B sagt: *„Ja, Treffer."*
(Dies notiert sich Person A im zweiten Koordinatensystem. Person A ist noch mal an der Reihe, da er*sie ein Schiff getroffen hat.)
Person A fragt: „Hast du ein Schiff bei (2|6)?"
Person B sagt: *„Ja, Treffer und versenkt."*
(Person A markiert sich dies im zweiten Koordinatensystem und darf erneut fragen.)
Person A fragt: *„Hast du ein Schiff bei (1|1)?"*
Person B sagt: *„Nein."*
Nun ist Person B an der Reihe. Das Spiel endet, wenn ein*e Spieler*in zuerst alle Schiffe versenkt hat.

Lösungen

Folienvorlage

Koordinate (5 | 3)

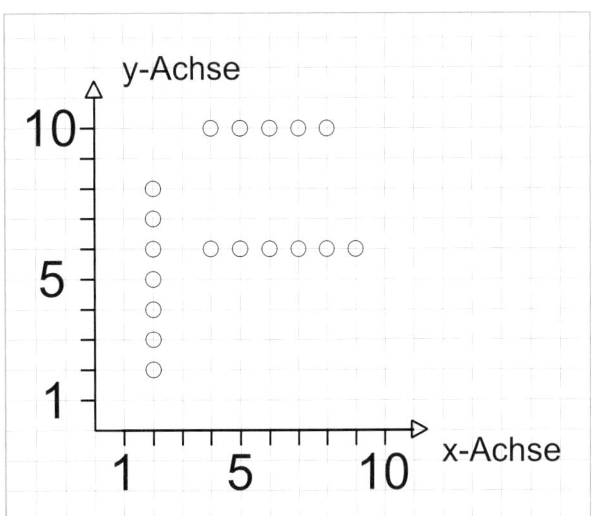

Schiff in Seenot

Auf Grund gelaufen

Der unsichere Seemann Willi ist erst seit zwei Tagen an Bord der Mila 738. Plötzlich passiert ein Unglück. Das Schiff ist auf Grund gelaufen. Viel Wasser läuft in das Schiffsinnere.

Seemann Willi ruft panisch:

Kapitän Michael antwortet ruhig:

Seemann Willi guckt Kapitän Michael erstaunt an. Er fragt:

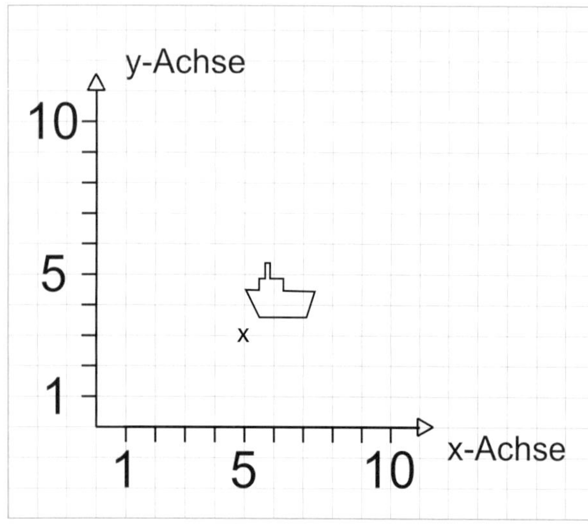

Kapitän Michael gibt per Funk folgende Koordinaten durch:

Sonnenschirmkauf mit Trick

Darum geht's

Für die Entscheidung, ob ein Sonnenschirm auf den Balkon passt oder nicht, benötigt man ein Grundverständnis im Umgang mit Kreisen. In dieser Unterrichtsstunde lernen die Schüler*innen die Begriffe Radius und Durchmesser anhand einer Alltagssituation kennen und einige präsentieren ihre Arbeitsergebnisse vor der Lerngruppe.

Kompetenzerwartungen

Die Schüler*innen ...

- verwenden die Begriffe Radius und Durchmesser und beziehen diese auf Alltagsgegenstände (Geometrie).
- präsentieren Ergebnisse im Team (Argumentieren/Kommunizieren).

Material

- Arbeitsblatt „Sonnenschirmkauf mit Trick" (S. 97)
- Sonnen-/Regenschirm
- ggf. Plakat und vergrößerte Sonnenschirme (siehe Tipp S. 96)
- rote und blaue Stifte im Klassensatz

Vorbereitung

Kopieren Sie das Arbeitsblatt „Sonnenschirmkauf mit Trick" im Klassensatz. Nehmen Sie einen Sonnen-/Regenschirm mit in den Unterricht. Weisen Sie die Klasse im Vorfeld darauf hin, dass sie einen roten und blauen Stift für die Unterrichtsstunde benötigen, wenn diese nicht immer vorhanden sind.

Stundenverlauf

Einstieg

ca. 5 Minuten

Erzählen Sie der Lerngruppe von folgendem Problem: *„Letzten Sommer wollte eine Freundin sich einen neuen Sonnenschirm für ihren Balkon kaufen. Im Gartencenter hatte Janine viele tolle Angebote gesehen und mir davon erzählt. Ihr Balkon ist 4 m lang und 2 m breit. Janine fragte mich: ‚Welcher Schirm passt auf meinen Balkon? Mein Nachbar unter mir achtet ja sehr darauf, dass nichts über meinen Balkon ragt, damit er immer Sonne hat.'*
Ich konnte ihr mit einem einfachen Trick helfen. Was glaubt ihr, was wollen wir heute herausfinden?"
Notieren Sie an der Tafel eine Frage, die von der Lerngruppe gestellt wird, zum Beispiel: *Welchen Trick haben Sie angewandt?* oder *Welchen Schirm konnte Janine kaufen?*
„Damit ihr die Frage am Stundenende beantworten könnt, bekommt ihr nun ein Arbeitsblatt, um das Wissen, das euch noch fehlt, zu erarbeiten."

Arbeitsphase

ca. 20 Minuten

Lassen Sie das Arbeitsblatt „Sonnenschirmkauf mit Trick" verteilen.
„Hinweis für alle: Zur mathematischen Vereinfachung nehmen wir heute an, dass Sonnenschirme ganz waagerecht aufgespannt werden und sie einen exakten Kreis bilden." Spannen Sie den mitgebrachten Schirm auf und erklären Sie mit diesem und den Abbildungen auf dem Arbeitsblatt, was gemeint ist. *„Im geöffneten Zustand sind alle Stäbe des Schirms leicht gewölbt. Wir stellen uns jedoch vor, dass die Stäbe ganz gerade sind."* Zeigen Sie, was mit den Fachbegriffen Radius und Durchmesser gemeint ist.
„Aufgabe 1 löst ihr in Einzelarbeit. Schaut euch den Schirm an, wenn ihr euch unsicher bei der Rechnung seid. Dann besprecht ihr euch mit dem Partner oder der Partnerin. Aufgabe 2 und 3 löst ihr bitte gemeinsam, wobei jeder und jede die Antworten notiert." Informieren Sie die Schüler*innen 5 Minuten vor dem Arbeitsende, dass Sie unterschiedliche Teams für die Präsentation auswählen werden. *„Bereitet euch alle auf eine Präsentation der Ergebnisse vor. Ich wähle gleich vier verschiedene Teams aus. Jeder und jede von euch soll alles erklären können."*

Präsentation

ca. 15 Minuten

Holen Sie zunächst ein Team mit dem Arbeitsblatt nach vorn, sodass dieses das Ergebnis für Aufgabe 1 zum Angebot 1 präsentieren kann. *„Nennt euer Ergebnis für Angebot 1. Erklärt anhand des Schirms, wie ihr gerechnet habt."*
Wiederholen Sie dies mit zwei weiteren Teams für das Angebot 2 und 3.
Holen Sie ein weiteres Team mit Arbeitsblatt und Heft nach vorn.
„Wir besprechen nun die Ergebnisse für Aufgabe 2. Einigt euch darauf, wer welche Lösungen vorstellt."
Je nach Leistungsstand notieren Sie die Lösungen an der Tafel oder lassen diese von den Schüler*innen notieren.

Sicherung

ca. 5 Minuten

Besprechen Sie mit der Lerngruppe den Trick, den sie im Heft notiert haben (Aufgabe 3). *„Welchen Trick habe ich meiner Freundin Janine verraten?"* Moderieren Sie die Schülerbeiträge. Achten Sie darauf, dass Sie die Lerngruppe darauf aufmerksam machen, dass Janine nur die Hälfte des ihr zur Verfügung stehenden Platzes als Radius des Schirmes nutzen kann, damit dieser nicht über den Balkon ragt.

Tipp
Lassen Sie leistungsstarke Schüler*innen ein Lernplakat mit den Begriffen Radius und Durchmesser gestalten. Vergrößern Sie die Schirme vom Arbeitsblatt, damit diese aufgeklebt werden können und so die Lerngruppe an die Stunde erinnern. Schüler*innen, die mit der Bearbeitung schneller fertig sind, denen Sie aber die Gestaltung eines Lernplakates nicht zutrauen, können Kreise aus dem Alltag notieren, wie zum Beispiel Kreisverkehr, Straßenschilder, Gullideckel etc.

Lösungen

1. d = 3 m; d = 2 m; d = 2,4 m
2. Janine kann den Schirm mit einem Radius von 1 m kaufen.
   - ➡ kurzer Strich = Radius; langer Strich = Durchmesser
   - ➡ Radius = Abstand zwischen dem Mittelpunkt M und der Kreislinie
   - ➡ Durchmesser = Strecke, die zwei Punkte auf dem Kreis miteinander verbindet und durch den Mittelpunkt geht
3. Die Länge des zusammengeklappten Schirms muss doppelt an Platz verfügbar sein.

Sonnenschirmkauf mit Trick

Angebote des Gartencenters

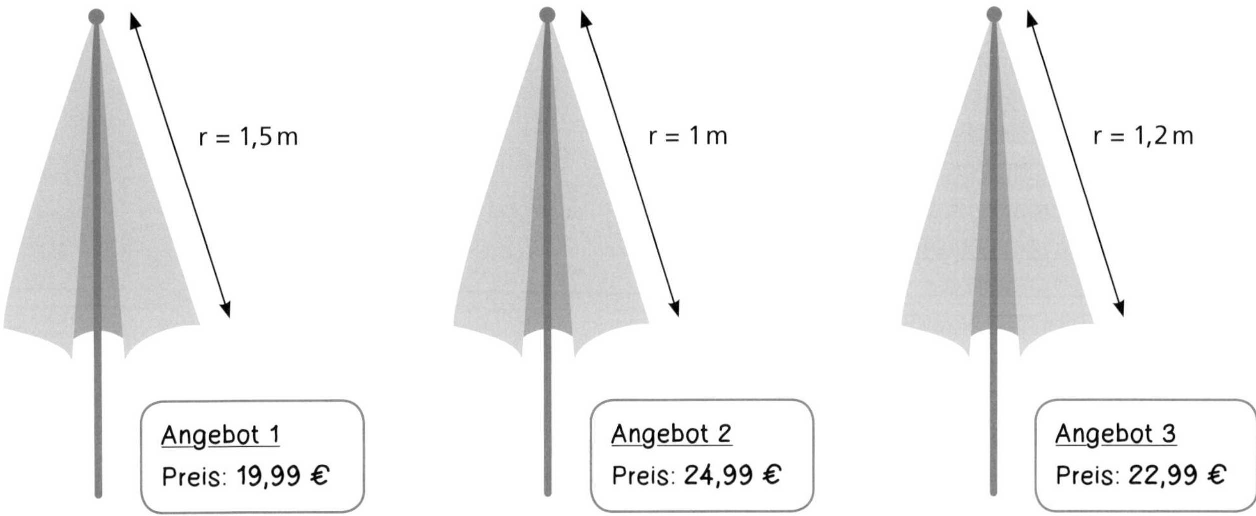

Aufgabe 1

Sieh dir die Angebote des Gartencenters in Ruhe an.
Beantworte dann folgende Frage:
Wie groß ist der Durchmesser des Sonnenschirms aus Angebot 1, 2 und 3, wenn er aufgespannt ist?

Angebot 1: d = ... Angebot 2: d = ... Angebot 3: d = ...

Aufgabe 2

a) Welchen Schirm kann Janine kaufen? Ihr Balkon ist 4 m lang und 2 m breit. Schreibe in dein Heft.

b) Beschrifte die Linien in dem Kreis mit den Buchstaben r (Radius) und d (Durchmesser). Färbe die Linie für den Radius gut sichtbar in rot und für den Durchmesser gut sichtbar in blau ein.

c) Was ist der Radius? Erkläre mit eigenen Worten. Schreibe in dein Heft.

d) Was ist der Durchmesser? Erkläre mit eigenen Worten. Schreibe in dein Heft.

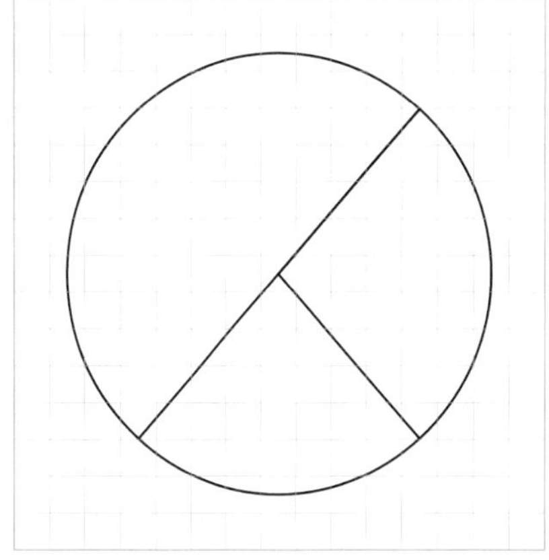

Aufgabe 3

Welcher Trick sollte beim Kauf eines Sonnenschirms beachtet werden?
Schreibe in dein Heft.

Wasserprobe

Darum geht's

Das Abschätzen von Volumen nutzen wir in verschiedenen Alltagssituationen. Nicht verzehrtes Essen muss in einer dafür geeigneten Dose verpackt werden. Wie groß muss die Dose sein, damit es passt? Bevor man eine Reise antritt, packt man seine Sachen. Welchen Koffer/Rucksack nehme ich für meine Sachen, damit es passt? Immer wieder müssen wir das Volumen im Alltag abschätzen. Dies trainiert die Lerngruppe in dieser Stunde für Gegenstände, deren Volumen sich nicht leicht berechnen lässt, und überprüft die Schätzungen mit der Wasserprobe.
Die Lerngruppe muss darin geübt sein, Volumeneinheiten umrechnen zu können, und sollte außerdem das Volumen von Quadern und Würfeln rechnerisch bestimmen können.

Kompetenzerwartungen

Die Schüler*innen ...

- schätzen Volumina von Gegenständen und bestimmen mit der Wasserprobe das Volumen (Geometrie).
- arbeiten bei der Lösung von Problemen im Team (Argumentieren/Kommunizieren).

Material

- Arbeitsblatt „Mit der Wasserprobe das Volumen bestimmen" (S. 100)
- 12 Gegenstände zum Messen, die nass werden dürfen und klein genug sind, dass sie in einen Messbecher/Eimer passen (sie sollten nicht quaderförmig sein): zum Beispiel Spielzeugfigur, Kaffeetasse, Gabel, Sonnenbrille, Sonnencreme, Flip-Flop, Zollstock etc.
- 6 durchsichtige Messbecher/Eimer mit feiner Skalierung
- 7 Kunststoffteller (6 für die Gruppen, einen für die Tauschstelle)
- Ausreichend Wasser zum Befüllen der Messbecher
- 6 kleine Handtücher
- kleine Ersatzwasserflasche zum Nachfüllen

Hinweis
Bei dem im Folgenden beschriebenen Stundenverlauf wird davon ausgegangen, dass die Lernenden in sechs Gruppen aufgeteilt werden. Bei anderer Aufteilung muss die Anzahl der benötigten Materialien entsprechend angepasst werden.

Vorbereitung

Kopieren Sie das Arbeitsblatt „Mit der Wasserprobe das Volumen bestimmen" im Klassensatz. Befüllen Sie vor Beginn der Stunde die Messbecher mit Wasser, damit dafür keine Unterrichtszeit verloren geht. Bereiten Sie alle zu messenden Gegenstände an einer ausreichend Platz bietenden Wechselstelle (Lehrerpult, Fensterbank etc.) vor.

Stundenverlauf

Einstieg

ca. 8 Minuten
Zeigen Sie einen der mitgebrachten Gegenstände, zum Beispiel eine Sonnenbrille.
„Wie groß ist das Volumen?"
Sammeln Sie die Vermutungen der Lerngruppe.
„Wie berechne ich das Volumen hierfür?" Greifen Sie richtige Ansätze auf, wenn der Gegenstand beispielsweise annähernd quaderförmig ist, $V = a \cdot b \cdot c$.
„Wenn man in den Urlaub fährt und den Koffer packt, ist dieser irgendwann voll. Gut ist es daher, wenn man das Volumen abschätzen kann und die richtige Koffergröße auswählt. Ihr werdet heute das Schätzen von Volumina trainieren und mithilfe der Wasserprobe das Volumen für diese Gegenstände herausfinden, da die Berechnung zu schwierig ist."

Vorbereitung

ca. 8 Minuten

Teilen Sie die Schüler*innen in sechs Gruppen ein.
„Nehmt euch jeder einen Stift. Verstaut alle anderen Sachen in eurer Schultasche. Stellt eure Tasche nach vorn/hinten."
Wenn alle Schultaschen weggestellt worden sind, erklären Sie das weitere Vorgehen.
„Ihr bekommt nun ein Arbeitsblatt mit Hinweisen zur Wasserprobe, gleichzeitig dient das Arbeitsblatt auch dazu, die Ergebnisse festzuhalten."
Verteilen Sie das Arbeitsblatt „Mit der Wasserprobe das Volumen bestimmen".
Lesen Sie gemeinsam mit der Lerngruppe die Hinweise durch. Heben Sie hervor, dass es wichtig ist, dass in dieser Stunde nur die Materialwachen durch den Raum laufen dürfen, damit es zu keinen Unfällen kommt. Verteilen Sie nun an jede Gruppe einen Gegenstand, einen Teller, einen Messbecher/Eimer mit Wasser und ein Handtuch.

Erarbeitung

ca. 20 Minuten

„Für die Aufgaben habt ihr nun 20 Minuten Zeit."
Stehen Sie der Lerngruppe während der gesamten Arbeitsphase beratend zur Seite. Achten Sie darauf, dass die Messergebnisse genau abgelesen werden und dass alle Schüler*innen das Arbeitsblatt ausfüllen.

Sicherung

ca. 9 Minuten

Fordern Sie alle Materialwachen dazu auf, die Behälter mit dem Wasser und dann die Teller mit dem Gegenstand zu Ihnen zu bringen.
Überprüfen Sie, ob die Tische trocken sind. Weisen Sie einzelne Gruppen darauf hin, wenn dem nicht so ist.
Besprechen Sie nun mit der Lerngruppe die Arbeitsergebnisse.
„Welchen Gegenstand habt ihr zuerst geschätzt? Was hast du geschätzt? Worauf habt ihr euch als Gruppe geeinigt? Wie groß ist das Volumen, das ihr mit der Wasserprobe herausgefunden habt?"
Lassen Sie die Arbeitsergebnisse von verschiedenen Gruppen vorstellen und besprechen Sie die möglicherweise vorkommenden Abweichungen (zum Beispiel ungenau gemessene Wasserfüllstände). Reflektieren Sie kurz das Schätzen der Gegenstände.
„Woran liegt es, dass nicht alle Gruppen für jeden Gegenstand das gleiche Volumen bestimmt haben? Ist es euch leichtgefallen, das Volumen zu schätzen? Habt ihr gut geschätzt?"

Tipp
Fordern Sie die Lerngruppe im Vorfeld dazu auf, je einen Gegenstand mitzubringen, der klein genug ist, damit er in einen Messbecher/Eimer passt, und nass werden darf. Wählen Sie sechs Schüler*innen der Lerngruppe aus, die einen durchsichtigen Messbecher mit Skalierung und einen Kunststoffteller mitbringen. Lassen Sie von 12 Schüler*innen je 1,5 Liter Leitungswasser mitbringen. So verringert sich der Vorbereitungsaufwand für Sie erheblich. Eimer mit einer feinen Skalierung erhält man im Baumarkt in der Malerabteilung.

Mit der Wasserprobe das Volumen bestimmen

Hinweise:

- 1 ml ≙ 1 cm³ (Ein üblicher Spielwürfel hat ein Volumen von 1 cm³.)
- Kontrolliert vor jeder Wasserprobe den Füllstand. Füllt diesen wieder auf den Ursprungszustand auf, falls nötig.
- Legt die nassen Gegenstände immer auf den Teller, damit es zu keiner Überschwemmung auf den Tischen kommt.
- Bestimmt eine Materialwache in der Gruppe, die den bereits gemessenen Gegenstand mit einem noch nicht gemessenen Gegenstand tauscht.
- Achtung: Lauf langsam mit dem Teller, wenn du die Gegenstände tauschst!

Aufgaben

1. Notiere den Namen des Gegenstands in der Tabelle.
2. Schätze nun das Volumen in cm³ für diesen Gegenstand.
3. Vergleiche deine Schätzung mit der Schätzung deiner Gruppenmitglieder. Einigt euch auf einen Wert. Notiert den Wert in der Tabelle
4. Bestimmt das Volumen des Gegenstands mit der Wasserprobe. (Tipp: Um wie viel ml ist das Wasser mit dem Reinlegen des Gegenstands in dem Behälter angestiegen?)

© Mik Schulz

- Der Materialwächter oder die Materialwächterin tauscht nun den Gegenstand aus

Gegenstand	eigene Schätzung des Volumens in cm³	Gruppenschätzung des Volumens in cm³	Wasserstand in ml vor der Messung	Wasserstand in ml nach der Messung	Volumen in cm³

 © Verlag an der Ruhr | Autorinnen: Lioba Sernetz & Susanne El Faramawy | ISBN 978-3-8346-4334-6 | www.verlagruhr.de

Wir planen ein Schulgebäude

Darum geht's

In dieser Unterrichtsstunde berechnen die Schüler*innen zunächst die Fläche eines fiktiven Grundrisses einer Schule und planen im zweiten Schritt ein neues Schulgebäude mit ähnlich großer Fläche.
Der Grundriss lässt sich in Rechtecke einteilen. Je nach Kenntnisstand der Lerngruppe ist die Aufgabe im zweiten Teil um Quadrate, Dreiecke, Trapeze oder andere Formen erweiterbar.

Kompetenzerwartungen

Die Schüler*innen ...

- entnehmen mathematische Informationen aus Texten und Bildern (Lesekompetenz).
- nutzen elementare mathematische Regeln und Verfahren zum Lösen von anschaulichen Alltagsproblemen (Problemlösen).
- übersetzen Situationen aus Sachaufgaben in mathematische Modelle (Modellieren).

Material

- Arbeitsblatt/Folienvorlage „Wir planen ein Schulgebäude" (S. 103), OHP, Folienstift
- Geodreieck für die Tafel
- Grundausstattung der Schüler*innen: kariertes Papier (nicht das Heft), Geodreieck, Bleistift, ggf. Taschenrechner

Vorbereitung

Kopieren Sie das Arbeitsblatt/die Folienvorlage „Wir planen ein Schulgebäude" im Klassensatz und ziehen Sie es einmal auf Folie.
Überlegen Sie sich drei bis fünf Fragen zu Ihrer Schule und notieren Sie diese mit Antworten.
Beispiele für Fragen:

1. Wie viele Etagen hat unser Schulgebäude?
2. Wie viele Kunst-/Musik-/Chemieräume hat unsere Schule?
3. In welcher Etage ist das Lehrerzimmer?
4. Wie viele Schulklassen hat unsere Schule?
5. Welche Raumnummer hat das Lehrerzimmer/das Sekretariat?
6. In welcher Farbe ist das Schulleiterzimmer gestrichen?

Skizzieren Sie zudem für den Einstieg für sich grob den Grundriss der Etage, in welcher die Klasse Unterricht hat.

Stundenverlauf

Einstieg

ca. 10 Minuten

Überraschen Sie die Lerngruppe mit einem kurzen Quiz über ihre Schule, indem Sie die vorbereiteten Fragen stellen und von einzelnen Schüler*innen beantworten lassen.
Leiten Sie mit folgender Aufgabe zum Thema der Stunde über: *„Wer kann grob den Grundriss dieser Etage an der Tafel skizzieren?"* Klären Sie wenn nötig den Begriff „Grundriss" und stellen Sie klar, dass nur die Bodenflächen dargestellt werden und nicht die Räume als Körper.
Lassen Sie eine*n Schüler*in an der Tafel anzeichnen und den Grundriss wenn nötig durch andere Schüler*innen ergänzen, sodass Flure, Klassenräume und ggf. Treppen erkennbar sind.
Sollte sich die Lerngruppe hierbei schwertun, kann auch zunächst der Grundriss des Klassenraumes gezeichnet und schrittweise ergänzt werden.
Fragen Sie die Klasse nach den vorhandenen Formen (in der Regel Rechtecke, ggf. Quadrate).
„Normalerweise sind die Grundflächen der Klassenräume und Flure rechteckig. So auch bei dem neu geplanten Gebäude einer Nachbarschule."
Legen Sie die Folie auf und zeigen Sie zunächst nur den geplanten Grundriss. Lassen Sie die Formen (Rechtecke) benennen.
„Es gibt aber noch viel mehr Flächen, auf die man bei der Planung zurückgreifen kann. Die Räume müssen nicht alle rechteckig sein." Lassen Sie sich weitere Formen nennen und skizzieren Sie diese mit dem Geodreieck an der Tafel. *„Ihr könnt zum Beispiel einen parallelogrammförmigen Computerraum oder eine dreieckige Leseecke planen."*
Leiten Sie mit folgender Aufgabenstellung zur Erarbeitungsphase über.

„Eure Aufgabe ist es in dieser Stunde, einen Grundriss zu entwerfen, indem nicht nur Rechtecke und Quadrate vorkommen. Wichtig hierbei ist es, dass alle Klassen genügend Platz haben. Eure Grundfläche muss daher mindestens so groß sein wie das geplante Schulgebäude. Ihr dürft aber die zur Verfügung stehende Quadratmeteranzahl auf dem Bereich des Schulhofs nicht überschreiten."
Decken Sie die Aufgabenstellung auf und gehen Sie sie mit der Lerngruppe Schritt für Schritt durch.
„Um die euch zur Verfügung stehende Gesamtfläche in Einzelarbeit zu berechnen, habt ihr 6 Minuten Zeit."

Erarbeitung I und Sicherung I

ca. 6 Minuten
Während die Lerngruppe die Gesamtfläche berechnet, schreiben Sie die Lösungen verdeckt an die Tafel.
Schüler*innen, die bereits frühzeitig fertig sind, können ihre Ergebnisse eigenständig überprüfen und in die Teamarbeitsphase übergehen. Geben Sie den Hinweis, auf ein kariertes DIN-A4-Blatt zu zeichnen.
Beenden Sie die Einzelarbeitsphase, lassen Sie sich die Gesamtfläche von einem*einer Schüler*in nennen und decken Sie die Lösungen auf, sodass alle ihre Rechenwege vergleichen können.
„Die Grundfläche des Schulgebäudes beträgt 500 m², die Gesamtfläche des vorgesehenen Bereiches mit Schulhof ist 630 m² groß. Denkt also daran, dass euer Schulgebäude zwischen 500 m² und 630 m² groß sein muss. Wir zeichnen natürlich in cm², nicht in m². Praktischerweise hat ein DIN-A4-Blatt fast genau die richtige Größe. Wenn euer Schulgebäude also auf ein kariertes Blatt passt, haltet ihr euch genau an die Schulhofbegrenzung. Nutzt den zur Verfügung stehenden Platz aus, macht die Klassenräume schön groß und seid kreativ! Ihr könnt den übrigen Platz auch für PC- oder Leseräume nutzen. Sucht euch einen Partner oder eine Partnerin. Ihr habt 20 Minuten Zeit, euer Schulgebäude zu planen."

Erarbeitung II

ca. 20 Minuten
Nehmen Sie in der zweiten Erarbeitungsphase die Rolle des Beraters ein. Kontrollieren Sie die Arbeitsprozesse beim Herumgehen.
Erinnern Sie nach 15 Minuten an die verbleibende Zeit und beenden Sie die Arbeitsphase nach 20 Minuten.

Sicherung II

ca. 9 Minuten
Fragen Sie in jeder Gruppe ab, welche Formen sie als Grundflächen gewählt haben und welche zusätzlichen Räume sie in ihrem Schulgebäude geplant haben. Lassen Sie zudem einzelne Paare ihre Grundrisse detailliert vorstellen.

Lösungen

Arbeitsblatt „Wir planen ein Schulgebäude"
Maße der rechteckigen Grundfläche des Schulgebäudes:

1) oben
$a = 4\text{ m} + 4\text{ m} + 4\text{ m} + 4\text{ m} + 4\text{ m}$
$= 5 \cdot 4\text{ m}$
$= 20\text{ m}$
unten, zur Kontrolle
$a = 2\text{ m} + 9\text{ m} + 9\text{ m}$
$= 2\text{ m} + 2 \cdot 9\text{ m}$
$= 20\text{ m}$
links/rechts
$b = 2\text{ m} + 2\text{ m} + 7\text{ m} + 7\text{ m} + 7\text{ m} = 25\text{ m}$
Grundfläche des Schulgebäudes
$A = 20\text{ m} \cdot 25\text{ m}$
$= 500\text{ m}^2$

2) Fläche des vorgesehenen Bereiches auf dem Schulhof
$A = 21\text{ m} \cdot 30\text{ m} = 630\text{ m}^2$

Wir planen ein Schulgebäude

Geplanter Grundriss des Schulgebäudes

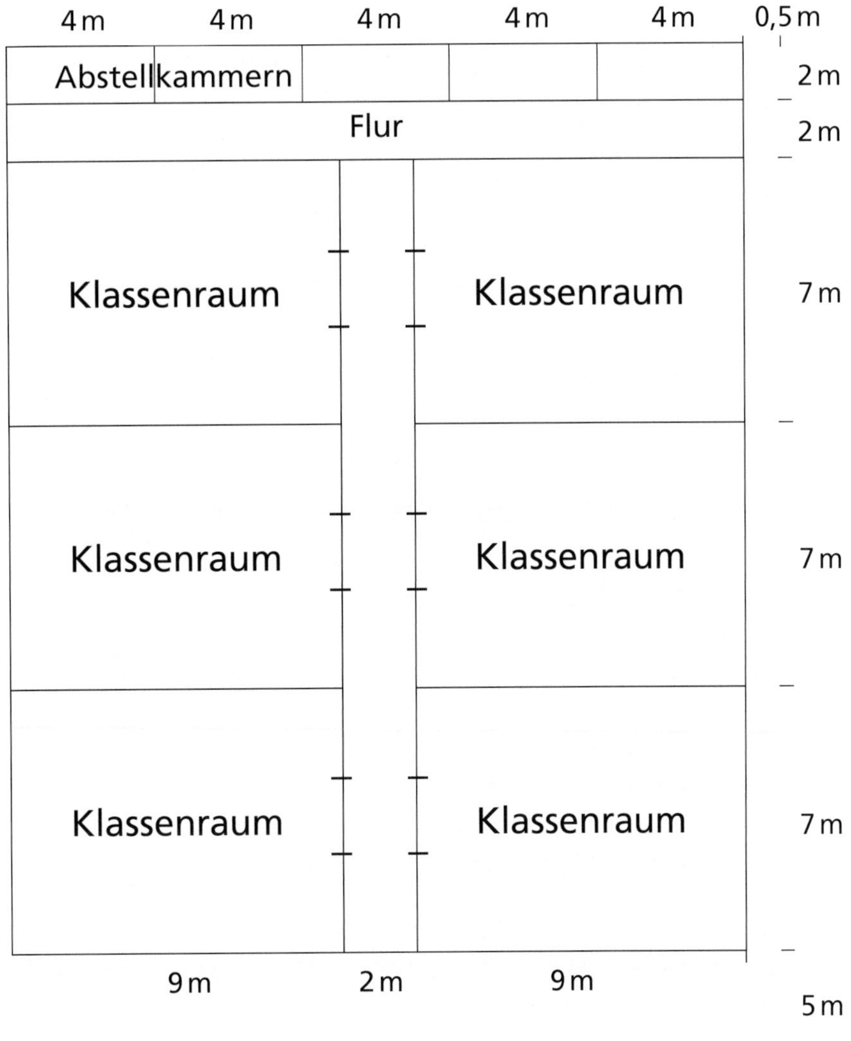

Aufgaben

1. **Berechnet in Einzelarbeit,**
   a) wie groß die Grundfläche des geplanten neuen Schulgebäudes ist.
   b) wie groß die vorgesehene Gesamtfläche ist.

2. **Plant in Partnerarbeit ein neues Schulgebäude. Achtet dabei darauf, dass ihr**
   - nicht nur Rechtecke als Fläche verwendet.
   - den zur Verfügung stehenden Platz ausnutzt.
   - sechs Klassenräume unterbringt, die jeweils mindestens 35 m^2 groß sein sollen.
   - euch weitere Räume überlegt und unterbringt (Pausenraum, Spielezimmer, Leseecke …).

Hausaufgabengutschein

HAUSAUFGABENGUTSCHEIN

Herzlichen Glückwunsch!

Durch eine besondere Leistung hast du, ...,

dir einen Hausaufgabengutschein verdient. Überlege dir gut, wann du ihn einlöst.

Dieser Gutschein ist nur einlösbar bei ....

und kann nicht weiter verschenkt werden.

HAUSAUFGABENGUTSCHEIN

Herzlichen Glückwunsch!

Durch eine besondere Leistung hast du, ...,

dir einen Hausaufgabengutschein verdient. Überlege dir gut, wann du ihn einlöst.

Dieser Gutschein ist nur einlösbar bei ....

und kann nicht weiter verschenkt werden.

Hängematte: © andreusK – stock.adobe.com

Stochastik

Das Lieblingstier der 7d

Darum geht's

In dieser Unterrichtsstunde plant die Lerngruppe eine Umfrage und führt sie in anderen Klassen durch. Der Schwerpunkt des Themenfeldes „Daten erfassen und auswerten" kann entweder auf der Planungs- und Durchführungsphase, der Erstellung der Diagramme oder auf dem anschließenden Lesen der statistischen Darstellungen liegen. In der dargestellten Unterrichtsstunde liegt der Schwerpunkt auf der Planung und Durchführung der Umfrage.

Wenn Sie Ihre Klasse darüber hinaus Diagramme erstellen und anhand dieser das Lesen der statistischen Darstellungen üben lassen wollen, finden Sie weitere Hinweise als Tipp (S. 107). Bitte beachten Sie, dass für die Erstellung der Streifen- und Kreisdiagramme den Schüler*innen prozentuale Verteilungen bekannt sein müssen.

Kompetenzerwartungen

Die Schüler*innen …
- planen Datenerhebungen und führen sie durch (Stochastik).
- nutzen Methoden der Erfassung von Daten (Stochastik).
- kommunizieren mit Schüler*innen anderer Klassen (Argumentieren/Kommunizieren).

Material

- Armbanduhren der Schüler*innen
- ggf. Materialblätter „Hilfekarten: Diagramme erstellen" (S. 108–111)

Vorbereitung

Erinnern Sie Ihre Lerngruppe einen Tag vor Durchführung dieser Unterrichtsstunde daran, Armbanduhren zu tragen oder mitzubringen. Sprechen Sie mit Kolleg*innen ab, ob Ihre Schüler*innen eine kurze Umfrage in den Klassen durchführen dürfen, sodass jede 4er-Gruppe eine Klasse befragen kann. Falls Sie mit den Hilfekarten arbeiten möchten, kopieren Sie sie in der gewünschten Anzahl und schneiden Sie sie auseinander.

Stundenverlauf

Einstieg

ca. 2 Minuten

Als informierenden Einstieg nennen Sie der Lerngruppe das Ziel der Unterrichtsstunde: *„In der zweiten Hälfte dieser Unterrichtsstunde werdet ihr in 4er-Gruppen Umfragen in anderen Klassen durchführen. Dazu erarbeitet ihr Schritt für Schritt Fragen."*

Erarbeitung I

ca. 5 Minuten

Stellen Sie der Lerngruppe die Aufgabe, sich zunächst vier Fragen für eine Umfrage in einer anderen Klasse zu überlegen. Geben Sie hierzu zwei Denkanstöße, wie zum Beispiel „Lieblingseis" und „Haustiere", sodass die Schüler*innen wissen, in welche Richtung die Umfrage gehen soll: *„Überlegt euch in Einzelarbeit drei Fragen, die ihr nachher bei der Umfrage anderen Klassen stellen möchtet, und notiert sie in euren Heften. Ihr könntet zum Beispiel fragen: ‚Was ist euer Lieblingseis?' oder ‚Welche Haustiere habt ihr?' Bei diesen Fragen müsst ihr euch auch Lösungsvorschläge überlegen und notieren. Zum Beispiel könnt ihr bei Haustieren ‚Hund, Katze, Kleintiere, Fische, Vögel' und ‚keine Haustiere' als Lösungen vorgeben. Wenn sich noch andere Antworten ergeben, zum Beispiel ein Pferd genannt wird, müsst ihr die Kategorie ‚andere' ergänzen."* Spielen Sie ein Beispiel mit der Klasse durch, sodass deutlich wird, dass die Frage laut gestellt wird und sich die Schüler*innen zu den einzelnen Antwortmöglichkeiten melden sollen. Die Anzahl der Schülermeldungen kann als Zahl oder Strichliste notiert werden.

Erarbeitung II

ca. 6 Minuten
Fordern Sie die Klasse nun auf, 2er-Teams zu bilden und sich in Partnerarbeit auf vier Fragen zu einigen: *„Überlegt gemeinsam, welche eurer Fragen ihr bei der Umfrage in einer anderen Klasse stellen möchtet. Jeder schreibt sich diese drei Fragen mit den Antwortmöglichkeiten in sein Heft."*

Erarbeitung III

ca. 8 Minuten
Fordern Sie die 2er-Teams nun auf, sich in 4er-Gruppen zusammenzuschließen. Anschließend einigen sich die Gruppen jeweils auf vier Fragen und notieren diese: *„Jetzt beschließt ihr bitte als 4er-Gruppe, aus welchen vier Fragen eure Umfrage bestehen soll. Jeder notiert sich die vier Fragen und deren Antwortmöglichkeiten in seinem Heft bzw. ergänzt die Fragen und Antwortmöglichkeiten, die noch nicht in eurem Heft stehen."*
Fordern Sie die Schüler*innen auf, sich kurz abzusprechen, wer in der Gruppe welche Frage stellt, denn jede*r Schüler*in soll eine stellen. Diese Frage soll nun im Heft markiert werden. Zudem sollen die Schüler*innen die Reihenfolge festlegen, in der die Fragen gestellt werden, sodass bei der Umfrage die Reihenfolge feststeht und jede*r nur noch seine Ergebnisse notieren muss.

Erarbeitung IV: Umfrage

ca. 16 Minuten
Teilen Sie nun jeder 4er-Gruppe eine Klasse zu, in der die Umfrage durchgeführt werden soll. Weisen Sie die Gruppen ausdrücklich darauf hin, dass es für die Weiterarbeit wichtig ist, dass jede*r Schüler*in die Umfrageergebnisse zu seiner*ihrer Frage notiert.
Stellen Sie sicher, dass jede Gruppe über eine Uhr verfügt, und weisen Sie sie darauf hin, pünktlich nach 16 Minuten wieder im Klassenraum zu sein. Begleiten Sie ggf. eine 4er-Gruppe, welche Sie nicht unbeaufsichtigt lassen möchten.

Sicherung

ca. 4 Minuten
Fordern Sie möglichst viele Gruppen auf, ein Ergebnis der Umfrage vorzustellen.

Reflexion

ca. 4 Minuten
Lassen Sie die Schüler*innen die Planungs- und Durchführungsphase reflektieren. *„Wie hat die Erarbeitung der Fragen in der Gruppenarbeitsphase geklappt? Wie war es, in einer anderen Klasse eine Umfrage durchzuführen? Gab es Schwierigkeiten?"*

Tipp
Lassen Sie die Schüler*innen als Hausaufgabe ein Diagramm zu ihrem Umfrageergebnis erstellen. Dazu können Sie die Hilfekarten in mehrfacher Ausführung kopieren und durch Austeilen die Darstellungsform zuweisen oder sie als Differenzierung den leistungsschwächeren Schüler*innen anbieten.

Hilfekarten: Diagramme erstellen (1/4)

Kreisdiagramm

Kreisdiagramme stellen Prozente durch Kreisausschnitte dar.
100% entsprechen dabei 360°.

Beispiel:
Welches Haustier hast du?

➡ Hund: IIII ➡ Katze: ~~IIII~~ III ➡ Keine: ~~IIII~~ ~~IIII~~ ~~IIII~~ I

Antworten insgesamt: ~~IIII~~ ~~IIII~~ ~~IIII~~ ~~IIII~~ ~~IIII~~ III

Aufgaben

1. Bestimme, zum Beispiel durch Dreisatz, die entsprechenden Mittelpunktswinkel zu der Anzahl der Antworten.

	Anzahl der Antworten	Winkel	
	28	**360°**	
:7	4	51,43°	:7
·2	8	102,86°	·2
·2	16	205,72°	·2

Der Mittelpunktswinkel für das Kreissegment Hund ist also 51,43° groß, der für die Gruppe Katze 102,86° und der für die Gruppe kein Haustier 205,72°.

2. **Runde nun die Beträge auf ganze Gradzahlen, sodass du sie zeichnen kannst.**

Hund	51,43°	≈	51°
Katze	102,86°	≈	103°
Keine Haustiere	205,72°	≈	206°

3. **Zeichne das Kreisdiagramm.**

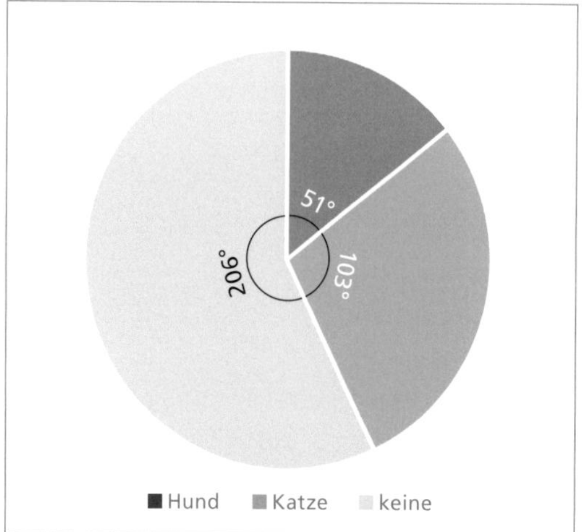

  ISBN 978-3-8346-4334-6 | www.verlagruhr.de

Hilfekarten: Diagramme erstellen (2/4)

Streifendiagramm

Streifendiagramme stellen prozentuale Verteilungen durch die Länge der Streifenabschnitte dar.

Beispiel:

Welches Haustier hast du?

➡ Hund: |||| ➡ Katze: ~~||||~~ ||| ➡ Keine: ~~||||~~ ~~||||~~ ~~||||~~ |

Antworten insgesamt: ~~||||~~ ~~||||~~ ~~||||~~ ~~||||~~ ~~||||~~ |||

Aufgaben

1. Um zu wissen, wie groß der Anteil einer Antwortgruppe im Verhältnis zur Gesamtgruppe ist, berechnest du zunächst die prozentualen Anteile der Antworten. Dazu teilst du jede Gruppe durch die Gesamtanzahl der Antworten.

   Vier von 28 Kindern haben einen Hund als Haustier. ➡ $\frac{4}{28}$ = 0,1429 = 14,29 %

   Acht von 28 Kindern haben eine Katze als Haustier. ➡ $\frac{8}{28}$ = 0,2857 = 28,57 %

   Die restlichen 16 Kinder haben keine Haustiere. ➡ $\frac{16}{28}$ = 0,5714 = 57,14 %

2. **Zeichne das Streifendiagramm. Wähle dazu 10 cm für 100% (also 1 cm für 10 %).**
   Hund: 14,29 % ≈ 14 % ➡ Zeichne rund 1,4 cm.
   Katze: 28,57 % ≈ 29 % ➡ Zeichne rund 2,9 cm.
   keine Haustiere: 57,14 % ≈ 57 % ➡ Zeichne rund 5,7 cm.

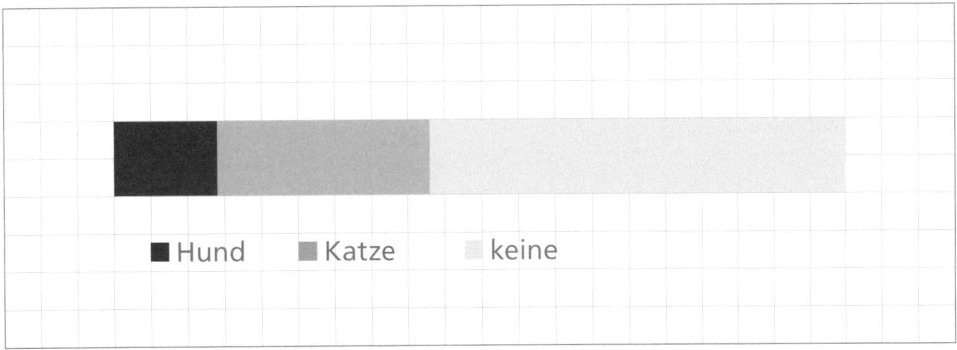

Hilfekarten: Diagramme erstellen (3/4)

Säulendiagramm
Bei Säulendiagrammen zeigt die Höhe der Säulen die Anzahl der Antworten an. Diese kannst du an der Hochachse (y-Achse) ablesen.

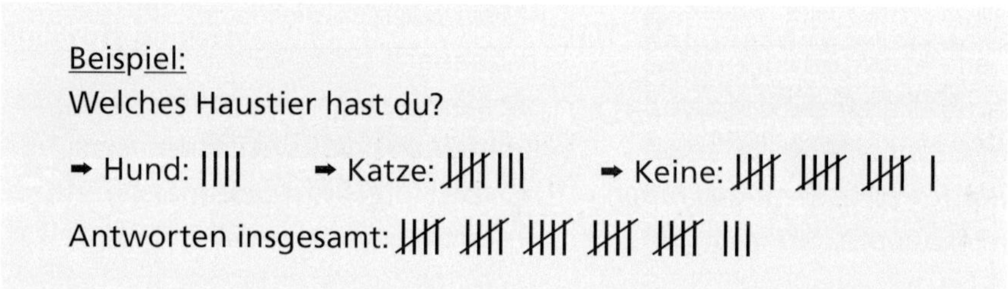

Aufgaben

1. Zeichne zunächst das Koordinatenkreuz. Teile die y-Achse so ein, dass du die höchste Antwortzahl (im Beispiel: 16) eintragen kannst.

2. Zeichne nun die Säulen ein. Denke daran, diese zu benennen, damit du nachher noch weißt, welche Säule zu welcher Antwort (im Beispiel: Hund, Katze, keine Haustiere) gehört.

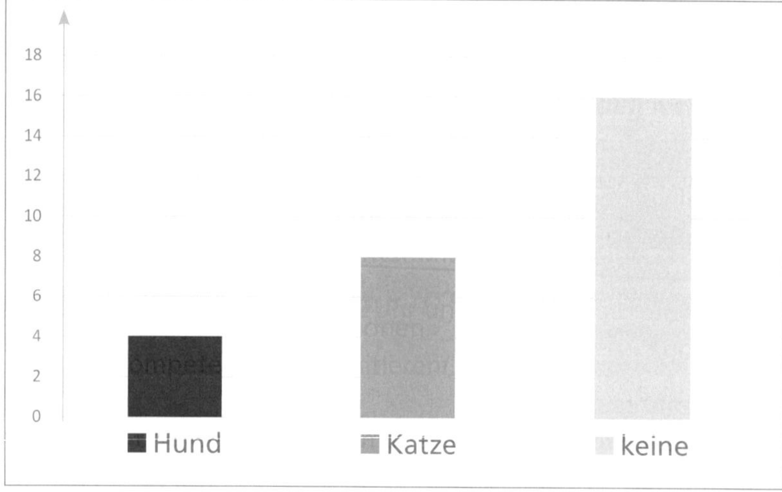

  | Autorinnen: Lioba Sernetz & Susanne El Faramawy | ISBN 978-3-8346-4334-6 | www.verlagruhr.de

Hilfekarten: Diagramme erstellen (4/4)

Balkendiagramm
Bei Balkendiagrammen zeigt die Länge der Balken die Anzahl der Antworten an. Diese kannst du an der Rechtsachse (x-Achse) ablesen.

Beispiel:
Welches Haustier hast du?
➡ Hund: |||| ➡ Katze: 𝍸 ||| ➡ Keine: 𝍸 𝍸 𝍸 |
Antworten insgesamt: 𝍸 𝍸 𝍸 𝍸 𝍸 |||

Aufgaben
1. Zeichne zunächst das Koordinatenkreuz. Teile die x-Achse so ein, dass du die höchste Antwortzahl (im Beispiel: 16) eintragen kannst.
2. Zeichne nun die Balken ein. Denke daran, diese zu benennen, damit du nachher noch weißt, welcher Balken zu welcher Antwort (im Beispiel: Hund, Katze, keine Haustiere) gehört.

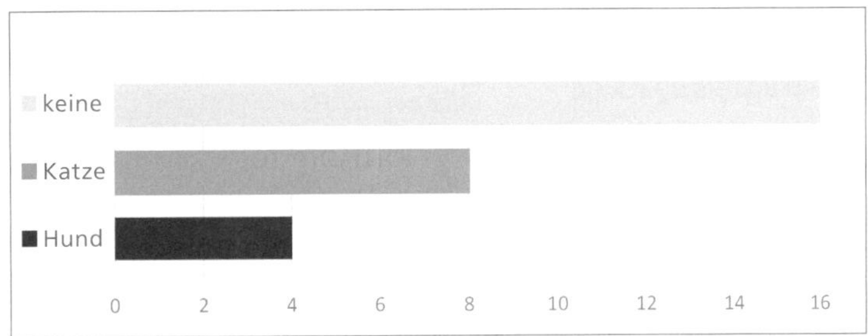

Bilddiagramm
Bei Bilddiagrammen zeigt die Anzahl der Symbole die Anzahl der Personen an, welche die entsprechende Antwort gegeben haben.

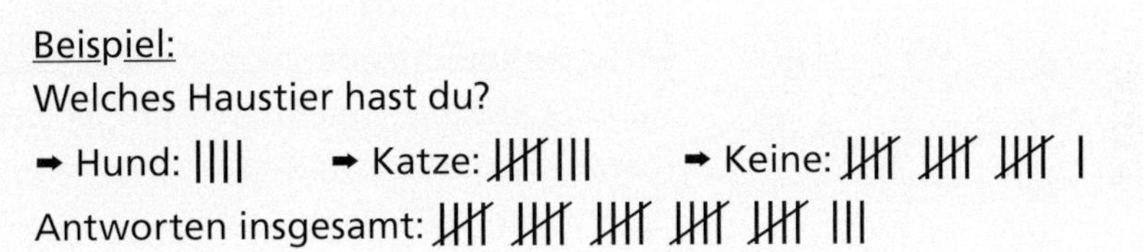

Aufgaben
1. Wähle ein passendes Motiv, welches die Antwortmöglichkeiten wiedergibt (im Beispiel: einen Hund für jeden Hundebesitzer, eine Katze für jeden Katzenbesitzer und einen Kreis für jedes Kind ohne Haustiere).
2. Notiere nun die Antwortmöglichkeiten untereinander und zeichne deine Motive in etwa gleicher Größe in der entsprechenden Anzahl dahinter (im Beispiel: vier Hunde hinter der Antwortmöglichkeit Hund usw.). Achte dabei darauf, dass die Abstände zwischen den Bildern gleich groß sind.
   Hund ➡ Vier Personen haben einen Hund als Haustier.
   Katze ➡ Acht Personen haben eine Katze als Haustier.
   Keine Haustiere ➡ Sechzehn Personen haben kein Haustier.

Im Spielcasino

Darum geht's

Glücksspiele faszinieren seit ca. 5000 Jahren die Menschheit. Aber wie groß sind die Gewinnchancen tatsächlich? Bei welchem Glücksspiel sind die Gewinnchancen am höchsten?
Die Lerngruppe festigt in dieser Stunde das Bestimmen von Wahrscheinlichkeiten anhand von verschiedenen Spielstationen und trifft eine Entscheidung über den Spieltisch mit der größten Gewinnchance.

Kompetenzerwartungen

Die Schüler*innen …

- bestimmen Wahrscheinlichkeiten bei einstufigen Zufallsexperimenten mithilfe der Laplace-Regel (Stochastik).
- nutzen Wahrscheinlichkeiten zur Beurteilung von Chancen und Risiken (Stochastik).

Material

- Materialblatt „Glücksrad" (S. 114)
- Arbeitsblatt „Spielcasinoplaner" (S. 115)
- 2 Würfel
- 2 Kartenspiele mit je 32 Karten
- 2 Münzen
- 4 Zettel mit den Zahlen von 1–4
- Hausaufgabengutscheine (S. 114) oder Süßigkeiten

Vorbereitung

Kopieren Sie das Materialblatt „Glücksrad" 2-mal, schneiden Sie die Glücksräder beide aus, malen Sie die Felder in den vorgegebenen Farben aus und laminieren Sie anschließend die Glücksräder, wenn Sie die Unterrichtsstunde häufiger durchführen möchten. Kopieren Sie den Spielcasinoplaner und ggf. den Hausaufgabengutschein im Klassensatz. Bringen Sie zudem das benötigte Material mit und stellen Sie sicher, dass die Schüler*innen über die folgenden Kenntnisse verfügen: Sie müssen Wahrscheinlichkeiten bereits in einer Stunde zuvor bestimmt haben, damit sie auf dieses Wissen zurückgreifen können.

Stellen Sie die Tische im Klassenraum so, dass Sie vier große Spieltische zur Verfügung haben. Spieltisch 1 bekommt beide Würfel, sodass immer zeitgleich zwei Gruppen an diesem Spieltisch arbeiten können. Spieltisch 2 bekommt beide Kartenspiele, wodurch auch hier zwei Gruppen arbeiten können. Spieltisch 3 bekommt die beiden Glücksräder und Spieltisch 4 die beiden Münzen. Notieren Sie auf vier Zetteln die Zahlen von eins bis vier und legen Sie diese auf die vier Spieltische, damit die Schüler dem Spieltisch die Gewinnvorgabe von der Tafel zuordnen können.
Notieren Sie an der Tafel:
Spielcasino – Du kannst an allen Tischen gewinnen
Spieltisch 1: „1" gewinnt
Spieltisch 2: jede rote Zahlenkarte gewinnt
Spieltisch 3: grün gewinnt
Spieltisch 4: Kopf gewinnt

Stundenverlauf

Einstieg

ca. 5 Minuten

Begrüßen Sie Ihre Schüler*innen zu dieser Stunde im Spielcasino:
„Herzlich willkommen im Spielcasino. Ihr könnt heute Hausaufgabengutscheine gewinnen. Dazu lernt ihr zunächst alle vier Spieltische kennen. Das Ziel nach der Arbeitsphase ist, dass ihr den Spieltisch mit der größten Gewinnchance benennen könnt, nur hier spielen wir um die Gutscheine. Die Gewinnchancen an den verschiedenen Tischen sind unterschiedlich." Notieren Sie die Frage *An welchem Spieltisch ist die Gewinnchance am größten?* an der Tafel. Teilen Sie den Spielcasinoplaner für alle aus und besprechen Sie diesen mit der Lerngruppe.

> **Tipp**
> Sie können die Schüler*innen auch um Süßigkeiten oder einen Wandertag spielen lassen. Hierbei dürfen die Gewinner*innen dann das Ziel bestimmen oder Vorschläge dafür nennen.

Arbeitsphase

ca. 25 Minuten

Bilden Sie acht Gruppen, sodass sich die Schüler*innen auf die vier verschiedenen Spieltische verteilen können. *„An jedem Spieltisch gibt es immer die Möglichkeit, dass zeitgleich zwei Gruppen arbeiten können. Sobald ihr mit der Station fertig seid, steht ihr auf und geht an die nächste freie Station. Füllt die Laufzettel gewissenhaft aus."* Beobachten Sie die Schüler*innen während der Spielphase und unterstützen Sie leistungsschwächere Gruppen.

Sicherung

ca. 15 Minuten

Beenden Sie die Arbeitsphase mit einem akustischen Signal. Stellen Sie der Lerngruppe folgende Frage und bewerten Sie die Antworten nicht. *„An welcher Station würdest du spielen, wenn du den Hausaufgabengutschein gewinnen möchtest?"* Nehmen Sie verschiedene Schüler*innen dran und machen Sie dann eine Abfrage. *„Ordnet euch nun dem Spieltisch zu, an dem ihr spielen möchtet. Denkt daran, dass wir nur an dem Tisch mit der größten Gewinnchance um den Hausaufgabengutschein spielen."* Die Schüler*innen sollen sich der jeweiligen Station zuordnen, an der sie spielen würden. *„Wie hoch ist jeweils die Gewinnchance an Tisch 1, 2, 3 und 4?"* Warten Sie die Schülerantworten ab. Lassen Sie einzelne Schüler*innen ihre Berechnungen für die jeweiligen Tische vorstellen. Thematisieren Sie dann, dass nur die Spieler*innen, die an Spieltisch 4 stehen, die richtige Antwort auf die Eingangsfrage gefunden haben. Lassen Sie alle, die sich für diesen Tisch entschieden haben, nacheinander die Münze werfen. Jeder, der geworfen hat, setzt sich hin. Teilen Sie den Gewinner*innen (die Münze zeigt nach dem Wurf Kopf an) den Hausaufgabengutschein aus.

Variante

Bauen Sie den Spieltisch 2 so auf, dass an diesem Tisch zeitgleich drei oder sogar vier Gruppen arbeiten können, sodass keine Wartezeiten entstehen. Für Spieltisch 2 benötigen die Schüler erfahrungsgemäß mehr Zeit, daher ist es ratsam, ein drittes oder auch viertes Kartenspiel mitzubringen.

Lösungen

Spieltisch 1

1, 2, 3, 4, 5, 6; 6 Ergebnisse; 1-mal; $\frac{1}{6} = 16{,}7\,\%$

Spieltisch 2

7, 8, 9, 10, Bube, Dame, König, Ass jeweils von Herz, Karo, Pik und Kreuz; 32 Ergebnisse; 8-mal (7, 8, 9, 10 jeweils von Herz und Karo); $\frac{8}{32} = \frac{1}{4} = 25\,\%$

Spieltisch 3

rot, gelb, grün, blau; 8 Ergebnisse; 3-mal; $\frac{3}{8} = 37{,}5\,\%$

Spieltisch 4

Kopf, Zahl; 2 Ergebnisse; 1-mal; $\frac{1}{2} = 50\,\%$

Glücksrad

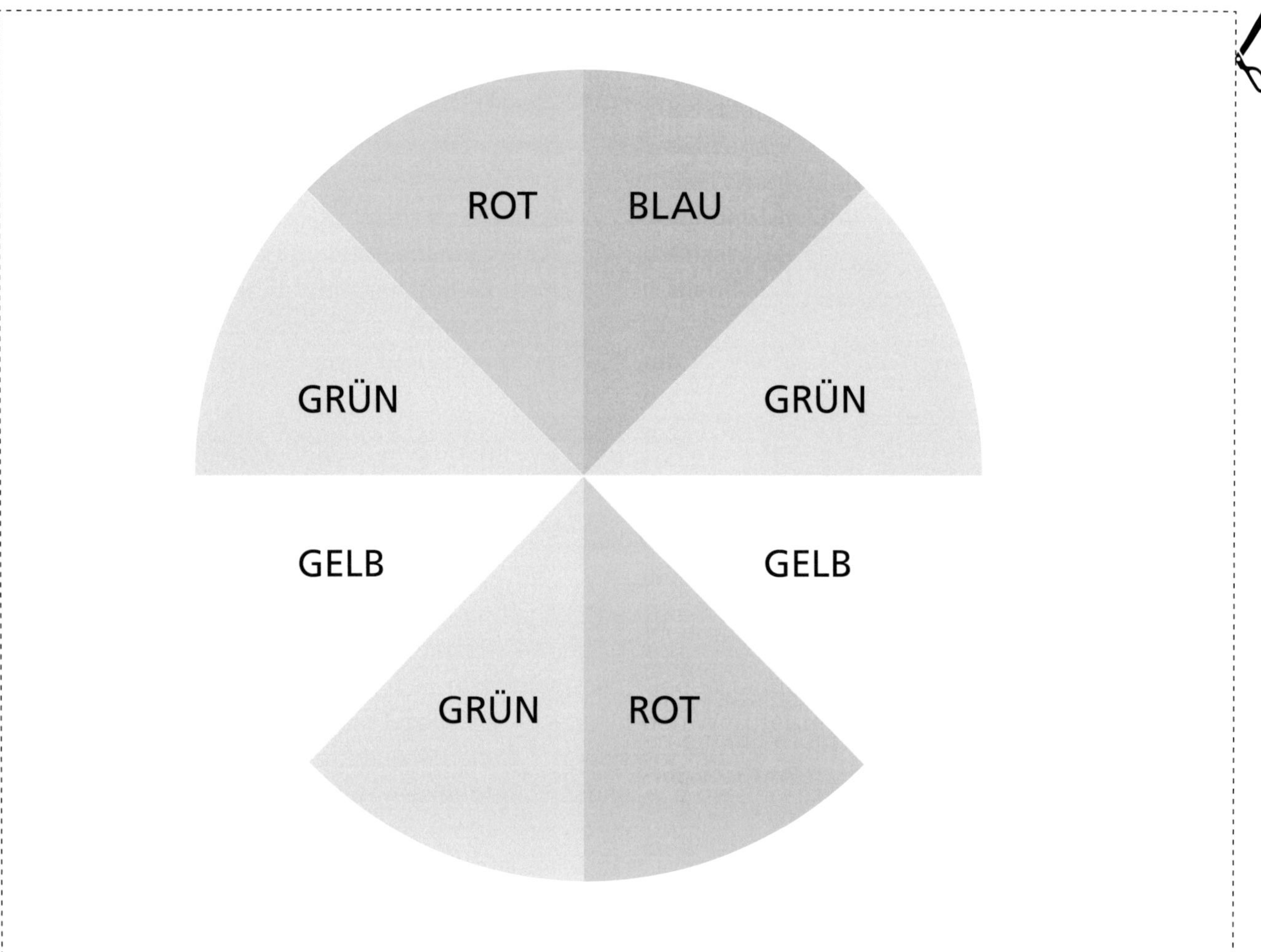

HAUSAUFGABENGUTSCHEIN

Herzlichen Glückwunsch!

Durch eine besondere Leistung hast du, ...,

dir einen Hausaufgabengutschein verdient. Überlege dir gut, wann du ihn einlöst.

Dieser Gutschein ist nur einlösbar bei ....

und kann nicht weiter verschenkt werden.

Hängematte: © andreusK – stock.adobe.com

Spielcasinoplaner

Spieltisch 1

1. **Notiere alle möglichen Ergebnisse.**

2. **Wie viele Ergebnisse gibt es?**

3. **Wie oft kommt die Gewinnvorgabe vor?**

4. **Mit welcher Wahrscheinlichkeit würfelst du eine 1?**

Spieltisch 2

1. **Notiere alle möglichen Ergebnisse. (Nutze auch die Rückseite)**

2. **Wie viele Ergebnisse gibt es?**

3. **Wie oft kommt die Gewinnvorgabe vor?**

4. **Mit welcher Wahrscheinlichkeit ziehst du eine rote Zahlenkarte?**

Spieltisch 3

1. **Notiere alle möglichen Ergebnisse.**

2. **Wie viele Ergebnisse gibt es?**

3. **Wie oft kommt die Gewinnvorgabe vor?**

4. **Mit welcher Wahrscheinlichkeit zeigt das Glücksrad nach dem Drehen grün an?**

Spieltisch 4

1. **Notiere alle möglichen Ergebnisse.**

2. **Wie viele Ergebnisse gibt es?**

3. **Wie oft kommt die Gewinnvorgabe vor?**

4. **Mit welcher Wahrscheinlichkeit zeigt die Münze Kopf an?**

Unsere Klasse in Diagrammen

Darum geht's

Im Alltag begegnen uns Diagramme in verschiedenen Kontexten. So werden beispielsweise Wahlergebnisse und Umfragetrends in Diagrammform wiedergegeben. Daher ist es wichtig, dass die Schüler*innen das Erstellen, Lesen und Überprüfen von Diagrammen beherrschen.
In dieser Unterrichtsstunde führen Freiwillige in ihrer Klasse Umfragen durch, notieren die Umfrageergebnisse und schaffen so die Grundlage für den Hauptteil der Stunde: die Darstellung der Umfrageergebnisse in Diagrammen.
Da dies keine Einführungsstunde einzelner Diagrammarten ist, sollte die Lerngruppe mit einfachen Diagrammen, wie dem Kreis-, Bild-, Säulen- und Balkendiagramm, vertraut sein.

Kompetenzerwartungen

Die Schüler*innen …
- nutzen Methoden der Erfassung und Darstellung von Daten (Stochastik).
- verwenden Lineal und Geodreieck zum genauen Zeichnen (Umgang mit Werkzeugen).

Material

- Materialblatt „Umfrage" (S. 118)
- ggf. Materialblatt „Umfrage (differenziert)" (S. 119)
- DIN-A3-Poster im halben Klassensatz
- ggf. kariertes Papier
- ggf. Materialblatt „Hilfekarten: Diagramme erstellen (1/4) – (4/4)" (S. 108-111)

Vorbereitung

Kopieren Sie das Materialblatt „Umfrage" sowie ggf. für zieldifferent unterrichtete Schüler*innen inklusiver Lerngruppen das Materialblatt „Umfrage (differenziert)" einmal und schneiden Sie die Karten mit den einzelnen Fragen aus. Die Anzahl der Fragen soll der halben Klassenstärke entsprechen. Überlegen Sie im Vorhinein, welche Schüler*innen welche Fragekarten zur Differenzierung bearbeiten sollen. Die Fragen vom Materialblatt „Umfrage (differenziert)" werden – anders als die anderen – nicht im Plenum gestellt. Kopieren Sie ggf. die entsprechenden Hilfekarten „Diagramme erstellen (1/4) – (4/4)", um sie leistungsschwächeren Schüler*innen zur Unterstützung anbieten zu können.

Stundenverlauf

Einstieg

ca. 10 Minuten

Erklären Sie kurz den Ablauf der Unterrichtsstunde: *„In dieser Stunde schauen wir uns eure Klasse ganz genau an. Dazu führen wir eine Umfrage durch und stellen die Umfrageergebnisse in Diagrammen dar. Ich brauche Freiwillige, die jeweils eine Frage vorlesen, zählen, wie viele Schüler*innen sich melden, die Ergebnisse als Zahlen auf den Karten notieren und mir die Karten zurückgeben. Denkt bei der Umfrage daran, dass ihr euch nur bei jeweils einer Antwortmöglichkeit melden dürft. Wer die Frage vorliest, zählt sich bei der Antwort trotzdem mit. Wer möchte die erste Frage vorlesen?"*
Lassen Sie auf diese Weise die vorher von Ihnen in Abhängigkeit der Nutzung des differenzierenden Materials festgelegte Anzahl an Fragen, maximal der halben Klassenstärke entsprechend, stellen.
Achten Sie darauf, dass erst alle Antwortmöglichkeiten einmal vorgelesen werden, bevor sich die Schüler*innen für eine melden.

Reaktivierung

ca. 3 Minuten

Reaktivieren Sie die der Lerngruppe bekannten Diagrammarten.
„Ihr werdet gleich die Umfrageergebnisse als Diagramme darstellen. Welche Diagramme kennt ihr schon?"
Notieren Sie die genannten Diagrammarten mit entsprechenden Skizzen zur Übersicht an der Tafel.

Erarbeitung

ca. 22 Minuten

Erläutern Sie nun das weitere Vorgehen. Entscheiden Sie, ob 2er-Teams aus Sitznachbar*innen gebildet oder frei gewählt werden dürfen.

„Für die restliche Stunde arbeitet ihr in 2er-Teams. Zuerst zieht jedes Team verdeckt eine der Fragen. Dann entscheidet ihr euch, welches der Diagramme ihr nutzen möchtet, um euer Umfrageergebnis darzustellen."

Weisen Sie auf die Übersicht an der Tafel hin und legen Sie die Hilfekarten gut sichtbar für die Lerngruppe aus.

„Wer sich bei der Erstellung unsicher ist, nimmt sich eine Hilfekarte. Ihr könnt auf kariertem Papier zeichnen und eure Diagramme dann auf die DIN-A3-Poster kleben. Denkt an eine passende Überschrift für eure Poster. Wer fertig ist, legt seine Fragekarte auf das Pult zurück und hängt sein Poster an die Tafel/Pinnwand. Ihr habt insgesamt 20 Minuten Zeit."

Verteilen Sie ggf. die Karten der differenzierten Umfrage gezielt an die zieldifferent unterrichteten Schüler*innen. Auch diese arbeiten in 2er-Teams. Gehen Sie mit ihnen die Arbeitsanweisungen auf den Karten durch. Sie können auch direkt Hilfekarten zu einer bestimmten Diagrammart reichen oder die Möglichkeit einer Strichliste nennen.

Sicherung

ca. 10 Minuten

Haben alle ihre Diagramme fertiggestellt und aufgehängt, verteilen Sie die Fragekarten erneut verdeckt an die Teams.

„Ihr habt jetzt die Aufgabe, das passende Poster zu eurer neuen Fragekarte zu finden und zu überprüfen, ob das Diagramm richtig ist. Wer seine eigene Fragekarte zieht, tauscht sie sofort um."

Unterstützen Sie in dieser Unterrichtsphase ein leistungsschwaches Team.

Haben alle Teams die Diagramme überprüft, sammeln Sie im Plenum, ob es Ungereimtheiten gab, und klären Sie diese.

Lassen Sie nun ggf. die zieldifferent unterrichteten Schüler*innen ihre Spezialaufträge vorstellen.

Wenn die Zeit zu knapp wird

Sollten mehrere Schüler*innen zu viel Zeit benötigen, um die Diagramme zu zeichnen, können Sie diese die Diagramme als Hausaufgabe fertigstellen lassen und die letzten 10 Minuten die Poster präsentieren lassen, die bereits fertig geworden sind. Dabei kann auch thematisiert werden, warum sich die Teams für diese gewählte Diagrammart entschieden haben. Auch die Sorgfalt beim Zeichnen der Diagramme kann überprüft werden.

Umfrage

Wie kommst du zur Schule?
a) Zu Fuß oder mit dem Fahrrad
b) Mit Bus, Straßenbahn oder Bahn
c) Mit dem Auto

Eiszeit: Welche Sorte wählst du?
a) Fruchteis, wie Erdbeere oder Zitrone
b) Irgendeine mit Schokolade
c) Eine, die ich noch nicht kenne

Was kannst du in der Küche am besten?
a) Beim Kochen helfen
b) Beim Backen helfen
c) Beim Aufräumen helfen

Hast du Geschwister?
a) Ja, eine Schwester oder einen Bruder.
b) Ja, mindestens zwei Geschwister.
c) Nein, ich bin Einzelkind.

Welcher Naschtyp bist du?
a) Schokolade oder Kekse
b) Weingummi oder Lakritz
c) Ich esse lieber gesund.

Welchen Nebenjob könntest du dir vorstellen?
a) Babysitten
b) Nachhilfe geben
c) Zeitungen austragen

Bist du musikalisch?
a) Ja, ich spiele ein Instrument.
b) Ja, ich singe gerne.
c) Nein, eher nicht.

Bist du hilfsbereit?
a) Ja, ich helfe fast jeden Tag jemandem.
b) Manchmal, aber nicht so oft.
c) Nein, ehrlich gesagt eher nicht.

Was trifft auf dich zu?
a) Ich bin gerne in der Natur.
b) Ich bin gerne in der Stadt.
c) Ich bin gerne zu Hause.

Hast du ein Schwimmabzeichen?
a) Nein, noch nicht.
b) Ja, ich habe Seepferdchen.
c) Ja, ich habe sogar Bronze (oder mehr).

Was machst du in deiner Freizeit am liebsten?
a) Sport
b) am PC/Handy/der Konsole spielen
c) Freunde und Freundinnen treffen
d) Lesen
e) Mit meinen Tieren spielen

Welches Fach ist dein Lieblingsfach?
a) Sport
b) Musik
c) Kunst
d) Mathematik
e) Ein anderes

Was kannst du in der Halle am besten?
a) Basketball spielen
b) Fußball spielen
c) Badminton spielen
d) Klettern
e) Turnen

Welches Haustier hast du zu Hause?
a) Hund
b) Katze
c) Fische
d) Kleintiere
e) Ich habe keine Haustiere.

Umfrage (differenziert)

Geheime Karte – Ihr habt einen Spezialauftrag

Zählt unauffällig, wie viele eurer Mitschüler heute eine blaue Hose tragen.
Einer zählt alle Mädchen, die eine blaue Hose tragen.
Der andere zählt alle Jungen, die eine blaue Hose tragen.

Mädchen: Jungen:

Illustration: © Lulu877 – Shutterstock.com

Geheime Karte – Ihr habt einen Spezialauftrag

Zählt unauffällig, wie viele eurer Mitschüler eine Brille tragen.
Einer zählt alle Mädchen, die eine Brille tragen.
Der andere zählt alle Jungen, die eine Brille tragen.

Mädchen: Jungen:

Illustration: © Lulu877 – Shutterstock.com

Geheime Karte – Ihr habt einen Spezialauftrag

Zählt unauffällig, wie viele eurer Mitschüler eine Zahnspange tragen.
Einer zählt alle Mädchen, die eine Zahnspange tragen.
Der andere zählt alle Jungen, die eine Zahnspange tragen.

Mädchen: Jungen:

Illustration: © Lulu877 – Shutterstock.com

Kreative Karte – Ihr habt einen Spezialauftrag

Zählt, wie viele Mädchen und Jungen in eurer Klasse sind.

Mädchen: Jungen:

Nehmt euch nun ein Poster und schreibt die Überschrift „Jungen und Mädchen“ darauf. Malt nun für jedes Mädchen, das in eurer Klasse ist, einen Mädchenkopf, und für jeden Jungen einen Jungenkopf auf das Poster.

Illustration: © Lulu877 – Shutterstock.com

Viele Informationen

Darum geht's

In unserer heutigen Gesellschaft werden viele Daten von Verbrauchern aufgezeichnet. Die gesammelten Daten müssen ausgewertet werden, damit diese effektiv genutzt werden können. Immer häufiger sieht man die Darstellungsweise großer Datenmengen in Boxplots. Der Vorteil dieser Darstellungsform liegt darin, dass man auf einen Blick erfassen kann, in welchem Bereich jeweils ein Viertel aller Werte liegt. Dies ermöglichen die unterschiedlichen Abschnitte (Quartile und Median). In dieser Unterrichtsstunde wird die Lerngruppe schrittweise an das Zeichnen eines Boxplots herangeführt.

Kompetenzerwartungen

Die Schüler*innen ...

- nutzen Median und Quartile zur Darstellung von Häufigkeitsverteilungen als Boxplots (Stochastik).
- ziehen Informationen aus einfachen mathematikhaltigen Darstellungen (Text) (Argumentieren/Kommunizieren).
- ordnen Zahlen (Arithmetik/Algebra).

Material

- Arbeitsblätter/Folienvorlagen „Boxplot erstellen (1/2) – (2/2)" (S. 122-123), OHP

Vorbereitung

Kopieren Sie das zweiseitige Arbeitsblatt/die Folienvorlage „Boxplot erstellen" doppelseitig im Klassensatz. Fertigen Sie außerdem noch eine Kopie der ersten Seite auf Folie an. Notieren Sie den Stundenverlauf wie folgt an der Tafel:

1. **Kennwerte des Boxplots**
2. **Einzelarbeit**
3. **Partnerarbeit**
4. **Präsentation**

Notieren Sie alle 17 Werte aus den Lösungen in einer Zahlenwolke an der Tafel.

Stundenverlauf

Einstieg

ca. 5 Minuten

Steigen Sie mit der folgenden kleinen Geschichte in die Stunde ein: „*In meiner letzten eigenen Klasse war eine Schülerin, die fast immer zu spät kam. Ich habe Sabine gebeten, die Dauer ihres Schulwegs für mindestens drei Wochen zu notieren. Das Ergebnis seht ihr hier. Sobald Sabine mehr als 16 Minuten braucht, ist sie zu spät gewesen, da sie immer exakt zur gleichen Zeit losläuft. Wir werden heute einen Boxplot zu Sabines Werten erstellen, um eine adäquate Aussage über ihr Zuspätkommen tätigen zu können.*" Informieren Sie Ihre Lerngruppe über den Stundenverlauf. Zur leichteren Orientierung ist dies für die Lerngruppe hilfreich. Aktivieren Sie das Vorwissen der Schüler*innen:

„Um große Datenmengen darstellen zu können, werden verschiedene Darstellungsformen genutzt. Welche kennt ihr bislang?" Moderieren Sie das kurze Unterrichtsgespräch.

„Ihr lernt heute schrittweise das Zeichnen eines Boxplots als weitere Darstellungsform kennen. Hierbei werden euch neue Begriffe begegnen. Diese lauten: Median, unteres und oberes Quartil, Antenne und Boxplot."

Notieren Sie die genannten Begriffe an der Tafel.

Arbeitsphase

ca. 30 Minuten

Lassen Sie das Arbeitsblatt „Boxplot erstellen" verteilen. Besprechen Sie gemeinsam mit der Lerngruppe die Kennwerte des Boxplots. Legen Sie hierzu die Folienvorlagen „Boxplot erstellen" auf. *„Ihr seht, dass alle Daten in vier Abschnitte unterteilt worden sind. Diese Abschnitte enthalten immer 25 % aller Werte der Datenreihe.*
Ihr werdet nun zunächst in Einzelarbeit die Abfolge zur Erstellung eines Boxplots lesen. Notiert Verständnisfragen am Rand. Sobald ihr fertig seid, steht ihr auf und wartet auf einen Mitschüler oder eine Mitschülerin, der oder die sich auch hinstellt. Sucht euch einen gemeinsamen Arbeitsplatz. Besprecht gemeinsam eure

Verständnisfragen. Löst im Anschluss Aufgabe 1 und beantwortet unsere Ausgangsfrage: Wie häufig kam Sabine höchstens zu spät?"
Notieren Sie an der Tafel die Abfolge der Arbeitsphasen.

1. **Einzelarbeit**
   ➡ Abfolge zur Erstellung eines Boxplots lesen und Verständnisfragen notieren
2. **Partnerarbeit**
   ➡ Verständnisfragen besprechen und Aufgabe 1 lösen

Sicherung

ca. 10 Minuten
Fordern Sie eine*n leistungsstarke*n Schüler*in auf, die Vorstellung der Arbeitsergebnisse zu Aufgabe 1 vorn an der Tafel zu übernehmen. Achten Sie hierbei darauf, dass der*die Schüler*in immer wieder Bezug zu der Abfolge nimmt, damit diese sich bei der Lerngruppe einprägen kann: *„Nenne bitte den ersten Schritt zur Erstellung eines Boxplots."* Warten Sie die Antwort ab. Korrigieren Sie diese, wenn nötig. *„Notiere die geordnete Datenreihe für Aufgabe 1 an der Tafel."* Fahren Sie mit dieser Vorgehensweise fort, bis die gesamte Aufgabe besprochen worden ist. Besprechen Sie Probleme, die die Lerngruppe bei der Erstellung des Boxplots hatte.
„Zu Beginn der Unterrichtsstunde habe ich die Kennwerte an der Tafel notiert und euch darauf hingewiesen, dass alle Daten in vier Abschnitte unterteilt werden und die Abschnitte 25 % aller Werte enthalten. In höchstens wie viel Prozent aller Fälle kam Sabine zu spät?" Antwort: Sie kam in höchstens 50 % Prozent aller Fälle zu spät.
Die Umfragen von der Sternchenaufgabe können kurz vorgestellt werden.

Tipp
Notieren Sie eine bereits durchgeführte Umfrage mit den dazugehörigen Daten und geben Sie die Zeichnung des Boxplots als Hausaufgabe auf.

Variante
Ziehen Sie leistungsschwache Schüler*innen aus der Arbeitsphase heraus und besprechen Sie gemeinsam mit ihnen das Vorgehen. Setzen Sie sich hierzu an einen Gruppentisch. Erst wenn die Erstellung des Boxplots verstanden worden ist, lösen die Schüler*innen Aufgabe 1 mit einem*einer Partner*in innerhalb der kleinen Lerngruppe. Bieten Sie an diesem Tisch auch für die leistungsstärkeren Schüler*innen eine „Sprechstunde" an. Stellen Sie hierzu einen leeren Stuhl neben sich, damit die Probleme auf Augenhöhe besprochen werden können. Wer Hilfe benötigt, muss diese einfordern, indem er in die Sprechstunde kommt. Dieses Vorgehen bietet allen die Möglichkeit, Unterstützung zu bekommen, wobei die leistungsschwachen Schüler*innen von der dauerhaften Anwesenheit der Lehrperson profitieren.

Lösungen

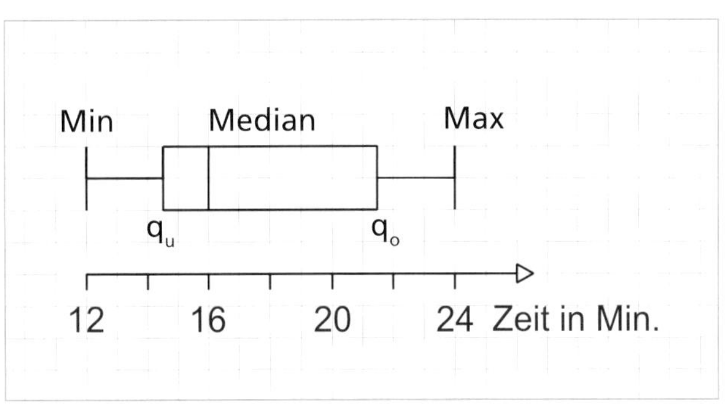

1. 12; 13; 14; 14; 15; 15; 16; 16; 16; 17; 17; 21; 21; 22; 22; 23; 24
2. Median = 16
3. $q_u = (14 + 15) : 2 = 14{,}5$ $q_o = (21 + 22) : 2 = 21{,}5$
4. Min = 12; $q_u = 14{,}5$; Median = 16; $q_o = 21{,}5$; Max = 24

Illustration: © Lioba Sernetz, Susanne El Faramawy

Boxplot erstellen (1/2)

Kennwerte des Boxplots:
Boxplots dienen dazu, Daten übersichtlich darzustellen.

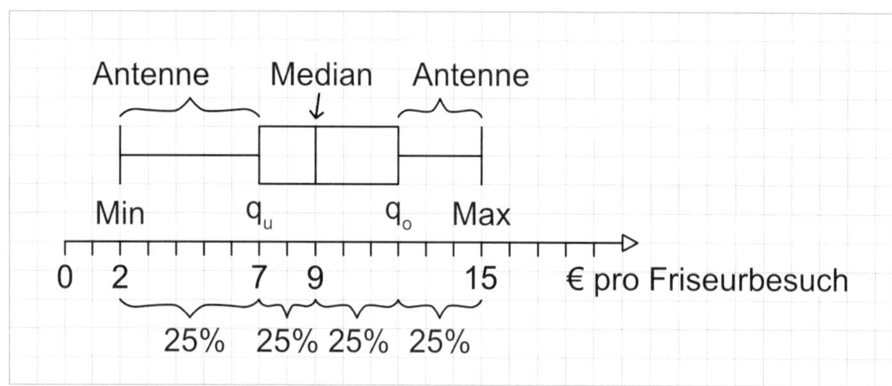

© Lioba Sernetz, Susanne El Faramawy

Alle Daten werden hierzu in Quartile (Viertel) eingeteilt.

- ➡ Minimum (Min): Das Minimum ist der kleinste Wert der Datenreihe. Hier beginnt die linke Antenne.
- ➡ unteres Quartil (q_u): Das untere Quartil ist der Median der unteren Datenhälfte. Hier beginnt die Box auf der linken Seite.
- ➡ Median: Der Median ist der Wert, der genau in der Mitte aller Daten liegt.
- ➡ oberes Quartil (q_o): Das obere Quartil ist der Median der oberen Datenhälfte. Hier endet die Box auf der rechten Seite.
- ➡ Maximum (Max): Das Maximum ist der größte Wert der Datenreihe. Hier endet die rechte Antenne.

6-Schritt-Abfolge zum Erstellen eines Boxplots

Eine Umfrage hat folgende Preise (in €) für einen Kinderhaarschnitt ergeben:
8; 13; 2; 10; 7; 8; 14; 3; 7; 11; 9; 11; 15

1) Ordne die Datenreihe von klein nach groß.
2; 3; 7; 7; 8; 8; 9; 10; 11; 11; 13; 14; 15

2) Bestimme den Median.
Hierbei gibt es zwei verschiedene Fälle:

1. Fall: **ungerade** Anzahl von Daten:
2; 3; 7; 7; 8; 8; **9**; 10; 11; 11; 13; 14; 15
Der 7. Wert steht genau in der Mitte.
Der Median ist für diese Datenreihe: **9**.

2. Fall: **gerade** Anzahl von Daten (daher wurde die 16 ergänzt):
2; 3; 7; 7; 8; 8; **9**; **10**; 11; 11; 13; 14; 15; 16
Zwischen dem 7. und 8. Wert liegt die Mitte.
Rechnung: (9 + 10) : 2 = **9,5**)
Der Median ist für diese Datenreihe: **9,5**.

Boxplot erstellen (2/2)

3) Bestimme die Quartilgrenzen.
Hierbei gibt es ebenfalls zwei verschiedene Fälle:

1. Fall: **ungerade** Anzahl von Daten:
2; 3; 7; 7; 8; 8; **9**; 10; 11; 11; 13; 14; 15

q_u ist der Median der Daten von 2 bis 8. (Der Median 9 gehört nicht dazu.) Der Mittelwert aus dem 3. und 4. Wert ergibt q_u.
Rechnung: (7 + 7) : 2 = **7**
q_u ist für diese Datenreihe: **7**.
q_o bestimmst du, je nach Anzahl der Daten, entsprechend wie q_u.

2. Fall: **gerade** Anzahl von Daten (daher wurde die 16 ergänzt):
2; 3; 7; 7; 8; 8; 9; 10; 11; 11; 13; 14; 15; 16

q_u ist der Median der Daten von 2 bis 9.
Der 4. Wert (**7**) steht genau in der Mitte.
q_u ist für diese Datenreihe: **7**.
q_o bestimmst du, je nach Anzahl der Daten, entsprechend wie q_u.

4) Notiere alle fünf Kennwerte des Boxplots (Min = 2, Max = 15, Median = 9, q_u = 7 und q_o = 12)

5) Zeichne einen passenden Zahlenstrahl.
(Der kleinste Wert ist das Minimum, der größte Wert ist das Maximum. Wähle eine passende Skalierung zu den Werten.) Zeichne jeweils einen senkrechten Strich oberhalb des Zahlenstrahls für deine Kennzahlen.

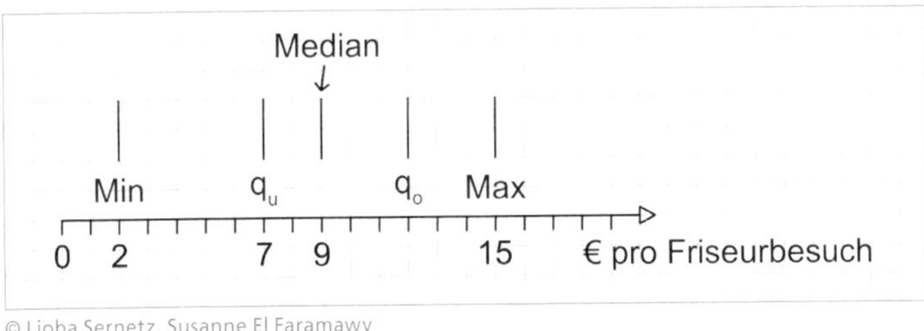

6) Zeichne die waagerechten Striche für die Antennen und die Box ein.

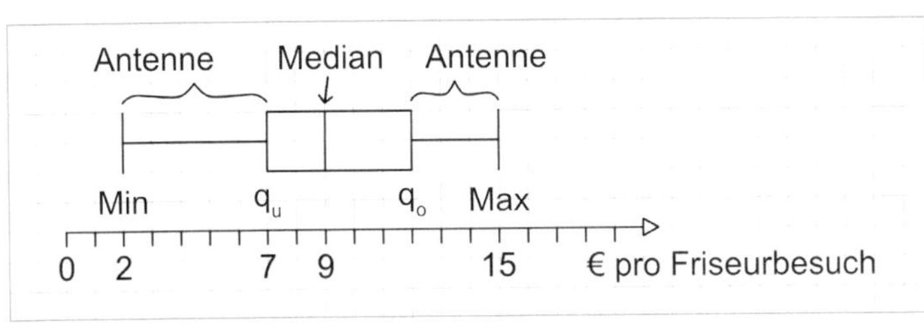

Aufgaben

1. Zeichne einen Boxplot:
Sabine notiert, wie viele Minuten sie zu Fuß für den Schulweg benötigt. Sie schreibt folgende Werte auf:
16; 14; 17; 16; 15; 17; 23; 16; 21; 22; 21; 12; 22; 15; 13; 24; 14
(Hinweis: Notiere für die Aufgabe die oben vorgegebene Reihenfolge: 1. geordnete Datenreihe, 2. Median, 3. Quartilgrenzen usw.)

★ Führe eine eigene Umfrage in deiner Klasse zu einem Thema deiner Wahl durch. Stelle die Umfrageergebnisse in einem Boxplot dar.

Was trägt Kai heute?

Darum geht's

In der Kombinatorik sind Baumdiagramme eine nützliche Art, um Kombinationsmöglichkeiten anschaulich darzustellen und Wahrscheinlichkeiten zu berechnen.
In dieser Unterrichtsstunde lernt die Klasse eine vereinfachte Darstellungsweise des Baumdiagramms kennen und nutzt diese, um der Frage nach Kombinationen von Kleidungsstücken nachzugehen.

Kompetenzerwartungen

Die Schüler*innen …

- entnehmen mathematische Informationen aus Texten und Bildern (Argumentieren/ Kommunizieren).
- erläutern mathematische Lösungswege mit eigenen Worten (Argumentieren/ Kommunizieren).
- übersetzen Realsituationen in mathematische Modelle: Diagramme (Modellieren).
- lesen und interpretieren statistische Darstellungen: Baumdiagramme (Stochastik).

Material

- Folienvorlage „Was trägt Kai heute?" (S. 126), OHP, schwarzer Folienstift
- Arbeitsblatt „Was trägt Kai?" (S. 127)
- ggf. Lösungen (S. 125)
- Arbeitsblatt „Was trägt Kais Schwester?" (S. 128)
- ggf. weiße, blaue und gelbe Kreide

Vorbereitung

Kopieren Sie die Vorlage „Was trägt Kai heute?" auf Folie und die Arbeitsblätter „Was trägt Kai?" und „Was trägt Kais Schwester?" doppelseitig in Klassenstärke.
Sollten Sie die Lösungen als separate Seite verwenden wollen, kopieren Sie diese einmal zum Aufhängen an der Tafel.

Stundenverlauf

Einstieg

ca. 7 Minuten

Wählen Sie nach der Begrüßung einen amüsanten und hinführenden Einstieg.
„Kennt ihr Kai? Kai sah heute wieder komisch aus! Was er heute trägt, passt gar nicht zusammen. Ich glaube, er greift morgens blind in seinen Kleiderschrank und zieht an, was er erwischt."
Legen Sie die Folie „Was trägt Kai heute?" so auf, dass man nur die erste Abbildung sieht, bei der Kai blind in den Kleiderschrank greift. Decken Sie dann die zweite Abbildung auf.
„Heute hat er die gestreifte Hose erwischt."
Decken Sie die dritte Abbildung auf.
„Und den karierten Pullover."
Zeigen Sie der Klasse auch die letzte Abbildung, Kais Kleiderkombination.
„So sieht Kai heute aus. Dabei hätte er beim blinden Greifen in den Kleiderschrank auch eine andere Hose und einen anderen Pullover erwischen können."
Fragen Sie nach der jeweils anderen Möglichkeit, verweisen Sie ggf. auf die Abbildungen.
Wurden die Lösungen (schwarze Hose und weißer Pullover) genannt, leiten Sie zur ersten Erarbeitungsphase über.

Erarbeitung I und Sicherung I

ca. 10 Minuten

Gehen Sie die Abfolge der Ziehungen und die Möglichkeiten bei jedem Zug noch einmal durch.
„Ihr findet gleich heraus, welche Outfits Kai hätte erwischen können. Was zieht er zuerst aus dem Kleiderschrank? Welche Möglichkeiten gibt es dabei?"
Decken Sie die erste Stufe des vereinfachten Baumdiagramms, den Zug der Hosen, auf.
„Wie geht es dann weiter? Welche Möglichkeiten gibt es?"
Decken Sie die zweite Stufe des vereinfachten Baumdiagramms, den Zug der Pullover, auf.
Verdeutlichen Sie, dass es, egal welche Hose Kai erwischt, immer zwei Möglichkeiten für den Zug des Pullovers gibt.

Legen Sie auch den letzten Teil des Baumdiagramms, die Übersicht über die Kleiderkombinationen, frei und fordern Sie eine*n Schüler*in auf, das erste Outfit mit Folienstift zu skizzieren. Lassen Sie eine*n weitere*n Schüler*in die Kombination, im ersten Fall gestreifte Hose und karierter Pullover, nennen und notieren Sie diese neben der Zeichnung. Gehen Sie so auch bei den drei weiteren Kombinationsmöglichkeiten vor.

Erarbeitung II und Sicherung II

ca. 12 Minuten

Leiten Sie in die Einzelarbeitsphase über, bei der die Schüler*innen ein Baumdiagramm ergänzen: *„Vielleicht hat Kai morgen mehr Glück, wenn er blind in den Wäschekorb greift. Mithilfe dieser Übersicht werdet ihr gleich wissen, welche möglichen Outfits es gibt. Malt zunächst die Kleidungsstücke in den angegebenen Farben aus. Überlegt bei jedem Griff in den Wäschekorb, welche zwei Farben zur Auswahl stehen. Malt dann die möglichen Outfits in den richtigen Farben aus."*

Verteilen Sie nun die Arbeitsblätter.

Wenn die Schüler*innen ihre Lösungen im Lerntempoduett vergleichen sollen, erklären Sie das Vorgehen kurz und benennen Sie den Ort, wo sie sich treffen sollen. Alternativ können Sie die kopierten Lösungen an die Tafel hängen oder auslegen.

Da es einen fließenden Übergang zwischen der Sicherungsphase und der nächsten Erarbeitungsphase gibt, weisen Sie an dieser Stelle schon auf den weiteren Verlauf der Stunde hin: *„Wer seine Ergebnisse kontrolliert hat, findet heraus, welche Outfits Kais Schwester zur Verfügung stehen. Wer auch damit fertig ist, vergleicht seine Ergebnisse mit dem Sitznachbarn oder der Sitznachbarin und sagt mir danach Bescheid."*

Schreiben Sie den Ablauf ggf. an die Tafel.

„Ihr habt jetzt 10 Minuten Zeit, Kais Outfits herauszufinden."

Erarbeitung III

ca. 10 Minuten

Stehen Sie der Klasse bei Rückfragen beratend zur Seite.

Lassen Sie Schüler*innen, welche schon früh die Kombinationsmöglichkeiten auf dem zweiten Arbeitsblatt ermittelt haben, die möglichen Outfits verdeckt an die Tafel schreiben oder malen.

Sicherung III

ca. 6 Minuten

Decken Sie die an die Tafel geschriebenen bzw. angemalten Kombinationsmöglichkeiten für Kais Schwester auf und besprechen Sie diese.

Lösungen

Arbeitsblatt „Was trägt Kai?"

1. Hose: grau, Pullover: gelb, Jacke: weiß
2. Hose: grau, Pullover: gelb, Jacke: schwarz
3. Hose: grau, Pullover: grün, Jacke: weiß
4. Hose: grau, Pullover: grün, Jacke: schwarz
5. Hose: blau, Pullover: gelb, Jacke: weiß
6. Hose: blau, Pullover: gelb, Jacke: schwarz
7. Hose: blau, Pullover: grün, Jacke: weiß
8. Hose: blau, Pullover: grün, Jacke: schwarz

Arbeitsblatt „Was trägt Kais Schwester?"

1. Kleid: weiß, Hut: gelb, Schuhe: blau
2. Kleid: weiß, Hut: gelb, Schuhe: weiß
3. Kleid: weiß, Hut: blau, Schuhe: blau
4. Kleid: weiß, Hut: blau, Schuhe: weiß
5. Kleid: blaue Punkte, Hut: gelb, Schuhe: blau
6. Kleid: blaue Punkte, Hut: gelb, Schuhe: weiß
7. Kleid: blaue Punkte, Hut: blau, Schuhe: blau
8. Kleid: blaue Punkte, Hut: blau, Schuhe: weiß

Was trägt Kai heute?

Illustrationen: © Lioba Sernetz, Susanne El Faramawy

Welche Kombinationsmöglichkeiten hatte Kai?

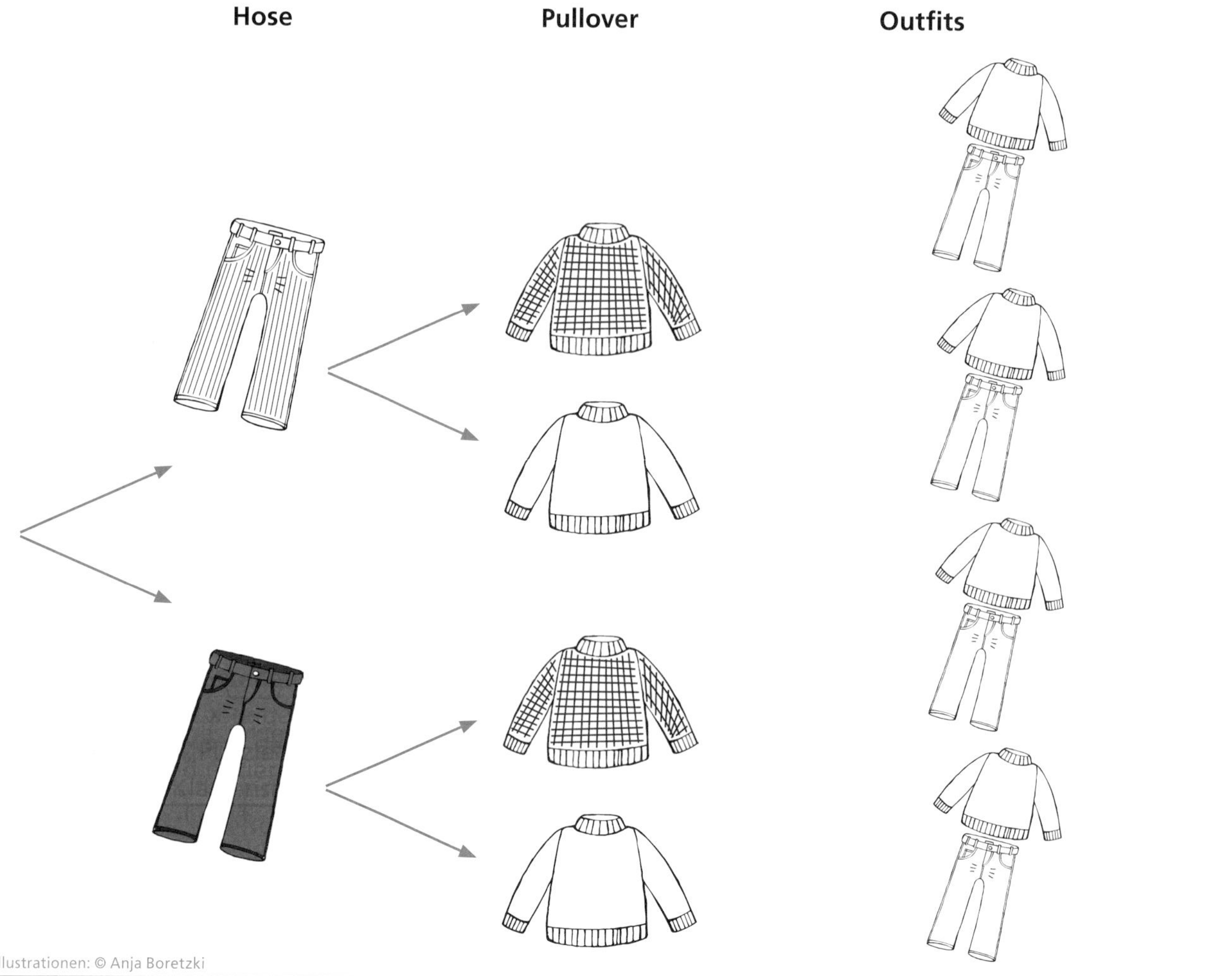

Hose	**Pullover**	**Outfits**

Illustrationen: © Anja Boretzki

Was trägt Kai?

Aufgaben

1. Male alle Kleidungsstücke in den richtigen Farben an: Kais Hosen sind grau und blau, die Pullover gelb und grün, die Jacken weiß und schwarz.
2. Es ergeben sich acht verschiedene Outfits. Kannst du alle richtig anmalen?
3. Vergleiche deine Ergebnisse.

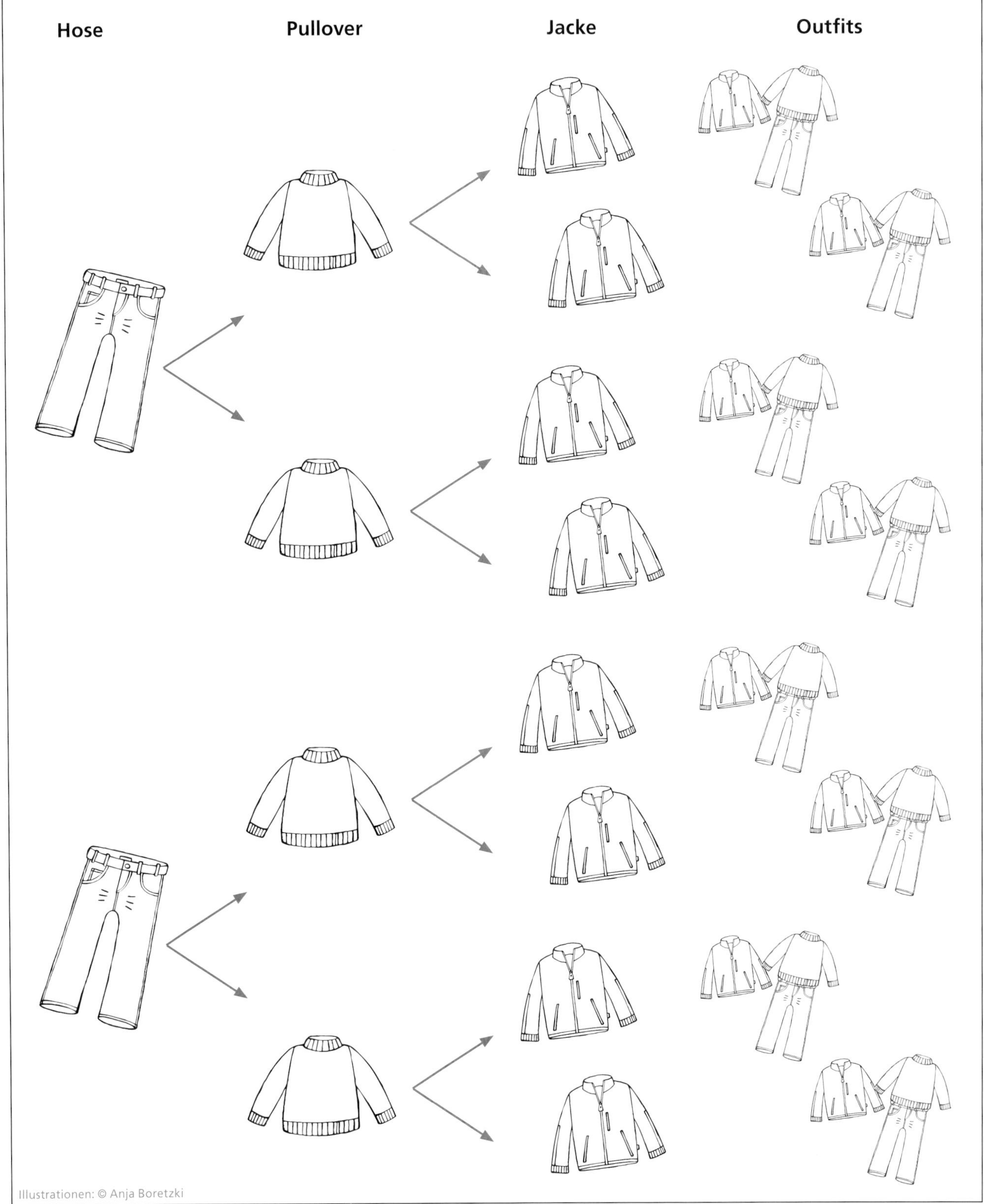

Illustrationen: © Anja Boretzki

Was trägt Kais Schwester?

Aufgaben

1. Male alle Kleidungsstücke in den richtigen Farben an: Die Kleider sind weiß und weiß mit blauen Punkten, die Hüte sind gelb und blau, die Schuhe sind blau und weiß.
2. Es ergeben sich acht verschiedene Outfits. Kannst du alle richtig anmalen?
3. Vergleiche deine Ergebnisse mit deinem Sitznachbarn.

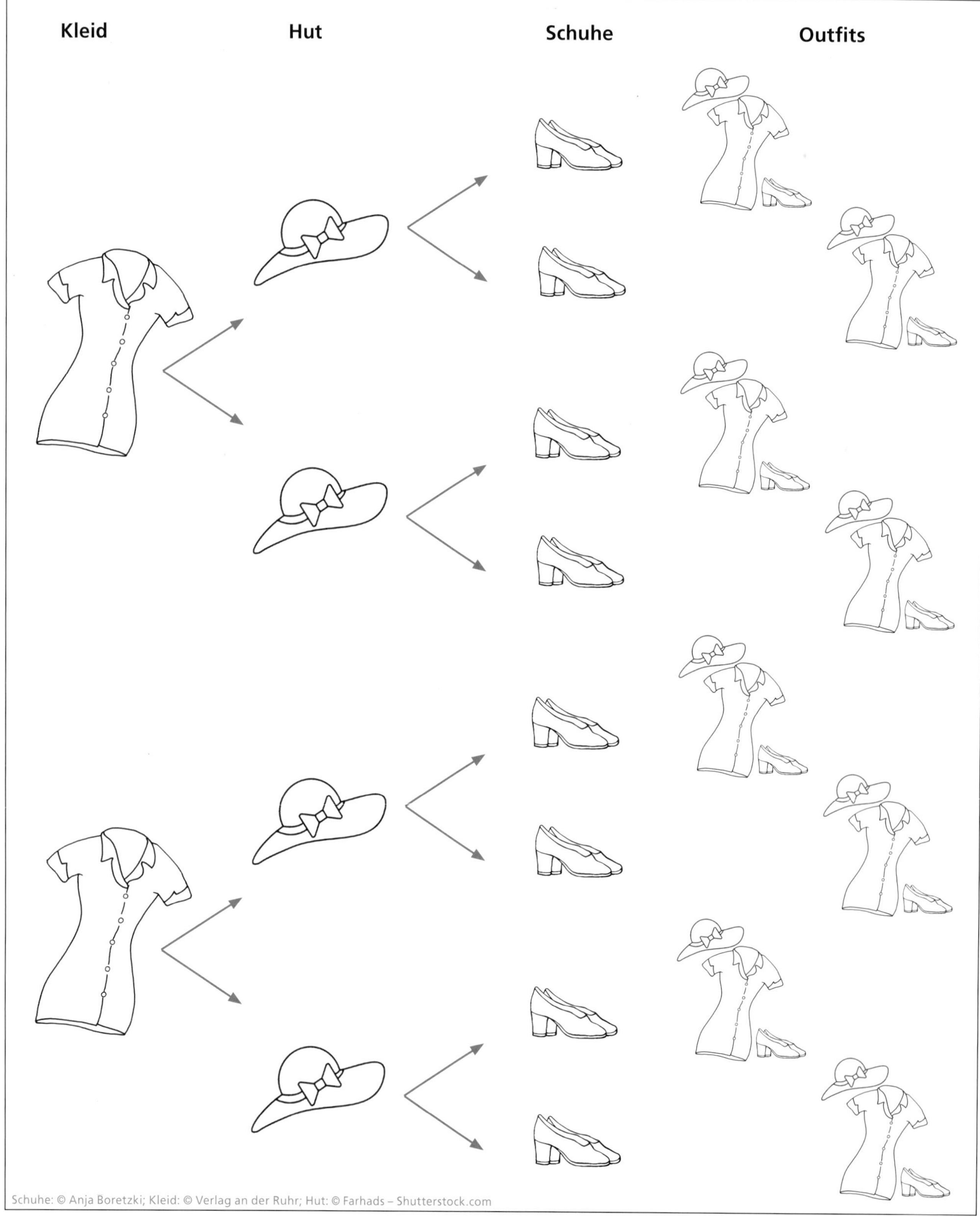

Schuhe: © Anja Boretzki; Kleid: © Verlag an der Ruhr; Hut: © Farhads – Shutterstock.com